Innhold

1 Grunnleggende

1.1. Mengdelære

1.1.1 Mengdeklammer: { }. $A = \{a, b, c\}$ betyr at A er mengden med elementer a, b og c.

1.1.2 Mengde-betinging: er den vertikale streken |. $C = \{x \in A \,|\, (\text{krav på } x)\}$ angir den undermengden C av A hvor kravene på x er fullbyrdet.

1.1.3 Sannsynlighets-betinging: $P(A|B)$ - sannsynligheten for A, *gitt at B* er tilfelle. Merk at | i $P(A|B)$ *ikke* er en mengdeoperasjon. Se (3).

1.1.4 Snitt kan skrives på to måter: $A \cap B$ eller AB, og er $\{x | x \in A \text{ og } x \in B\}$.

1.1.5 Union skrives $A \cup B$, og er $\{x | x \in A \text{ eller } x \in B\}$.

1.1.6 Mengdedifferens skrives som enten $A \setminus B$ eller $A - B$, og er $\{x | x \in A \text{ men } x \notin B\}$

1.1.7 Universet: Ω er symbolet for "hele universet", altså alle mulige elementer.

1.1.8 Den tomme mengden: $\emptyset = \{\}$ er den tomme mengden, som ikke har noen elementer.

1.1.9 Komplement: Gitt et univers Ω, er $A^c = \Omega \setminus A$. Leses "komplementet til A".

1.1.10 Produkt: $A \times B = \{(a, b) | a \in A, B \in B\}$, mengden av alle ordnede par (a, b).

1.1.11 $|A|$ eller $n(A)$ betyr st¯rrelsen på A; antall elementer.

1.1.12 $|A \cup B| = |A| + |B| - |AB|$

1.1.13 $|AB| = |A| + |B| - |A \cup B|$

1.1.14 $|A - B| = |A| - |AB|$

1.1.15 $|A^c| = |\Omega| - |A|$

1.1.16 $\mathbb{N} = \{1, 2, 3, 4, \ldots\}$ - alle positive heltall. Telletallene.

1.1.17 $\mathbb{N}_0 = \{0, 1, 2, 3, 4, \ldots\}$ - alle ikke-negative heltall.

1.1.18 $\mathbb{Z} = \{-4, -3, -2, -1, 0, 1, 2, 3, 4, \ldots\}$ - alle heltall, både positive og negative.

1.1.19 $\mathbb{R}$ - de reelle tallene; alle tallene på tallinjen.

1.1.20 Intervaller (a, b): Klammene [og] tar med sine respektive endepunkt, mens klammene $\langle$ og $\rangle$ utelater dem. I denne sammenhengen kan (og) brukes som en upresis angivelse av intervallene når det ikke er tellende hvorvidt endepunktene er med eller ikke.

1.2. Indeksering og gjentatte operasjoner

1.2.1 Indeksering: Den enkleste formen for indeksering er *nummerering*, så som $x_1, x_2, x_3, \ldots$, og $A_1, A_2, A_3, \ldots$. Andre typer indeksering er indeksering etter dato ($x_{2009.08.27}$) eller sted (A_{Grimstad}), eller multiple indekser slik som $a_{2,3}$ eller a_{23} for elementer i matriser, eller $a_{\text{Grimstad}, 2009.08.27}$ for indeksering med tid og sted.

1.2.2 $\displaystyle \bigcup_{k=m}^{n} A_k = A_m \cup A_{m+1} \cup \cdots \cup A_{n-1} \cup A_n$

1.2.3 $\displaystyle \bigcap_{k=m}^{n} A_k = A_m \cap A_{m+1} \cap \cdots \cap A_{n-1} \cap A_n$

1.2.4 $\displaystyle \sum_{k=m}^{n} a_k = a_m + a_{m+1} + \cdots + a_{n-1} + a_n$. Hvis $n < m$, er $\displaystyle \sum_{k=m}^{n} a_k = 0$

1.2.5 $\displaystyle \prod_{k=m}^{n} a_k = a_m \cdot a_{m+1} \cdots a_{n-1} \cdot a_n$. Hvis $n < m$, er $\displaystyle \prod_{k=m}^{n} a_k = 1$

1.2.6 $A \times B = \{(a,b) | a \in A, \, b \in B\}$

1.2.7 $\displaystyle \prod_{k=1}^{n} A_k = A_1 \times A_2 \times \cdots A_n = \{(a_1, a_2, \ldots, a_n) | a_k \in A_k\}$

1.2.8 $|A \times B| = |A| \cdot |B|$

1.2.9 $\displaystyle \left| \prod_{k=1}^{n} A_k \right| = \prod_{k=1}^{n} |A_k|$

1.3. Ofte brukte formler og funksjoner

1.3.1 Fakultet er definert for alle $n \in \mathbb{N}_0$, og er: $\displaystyle n! = \prod_{k=1}^{n} k$

1.3.2 Gamma-funksjonen er en generalisering av fakultet. $\Gamma(n) = (n-1)!$ når $n \in \mathbb{N}$

1.3.3 Gamma for halv-verdier: $\Gamma(n + \frac{1}{2}) = \frac{(2n)!}{n! 4^n} \sqrt{\pi}$ når $n \in \mathbb{N}$

1.3.4 Stirling's approximation I: $n! \approx \sqrt{2\pi n} \left(\frac{n}{e}\right)^n$

1.3.5 Stirling's approximation II: $n! \approx \sqrt{2\pi n} \left(\frac{n}{e}\right)^n \cdot \left(1 + \frac{1}{12n} + \frac{1}{288n^2} - \frac{1}{51840n^3} \cdots \right)$

1.3.6 Binomial: $\displaystyle \binom{n}{k} = \frac{n!}{k! \cdot (n-k)!}$. Binomialen er et spesialtilfelle av multinomial: $\binom{n}{k} = \binom{n}{k, n-k}$.

1.3.7 Multinomial: $\displaystyle \binom{n}{k_1, k_2, \ldots, k_m} = \frac{n!}{k_1! \cdot k_2! \cdot \ldots \cdot k_m!}$

1.3.8 Omskriving: $\displaystyle \binom{n}{k_1, k_2, \ldots, k_m} = \binom{n}{k_1} \cdot \binom{n - k_1}{k_2} \cdot \ldots \cdot \binom{n - k_1 - k_2 - \cdots - k_{m-2}}{k_{m-1}}$

1.3.9 TI/CASIO: n nCr k for $\binom{n}{k}$, og n nPr k for $\frac{n!}{(n-k)!}$ (HP: comb(n,k) og perm(n,k))

1.3.10 Pochhammer: $(a)_b = \frac{\Gamma(a+b)}{\Gamma(a)} = (b+a-1)\boxed{\text{nPr}}\,b$ (HP: $\text{perm}(b+a-1,b)$)

1.3.11 Pascal's trekant: $(a+b)^n = \sum_{k=1}^n \binom{n}{k} a^{n-k} b^k$

1.3.12 Den inkomplette Euler Beta-funksjonen, for $x \in [0,1]$: $B_{(a,b)}(x) = \int_0^x t^{a-1}(1-t)^{b-1} dt$

1.3.13 Euler Beta-funksjonen: $B(a,b) = B_{(a,b)}(1) = \frac{\Gamma(a)\Gamma(b)}{\Gamma(a+b)}$

1.3.14 Regularisert Beta-funksjon, for $x \in [0,1]$: $I_{(a,b)}(x) = \frac{B_{(a,b)}(x)}{B_{(a,b)}} = \int_0^x \beta_{(a,b)}(t) dt$

1.3.15 Beta-funksjonen, for $t \in [0,1]$: $\beta_{(a,b)}(t) = \frac{1}{k} \cdot t^{a-1}(1-t)^{b-1}$ for $t \in [0,1]$; der $k = B(a,b)$

1.4. Summer

1.4.1 $\sum_{k=0}^n k = \frac{n(n+1)}{2}$

1.4.2 $\sum_{k=0}^n k^2 = \frac{n(n+1)(2n+1)}{6}$

1.4.3 $\sum_{k=0}^n k^3 = \frac{n^2(n+1)^2}{4}$

1.4.4 $\sum_{k=0}^n k^4 = \frac{n(n+1)(2n+1)(3n^2+3n-1)}{30}$

1.4.5 $\sum_{k=0}^n k^5 = \frac{n^2(n+1)^2(2n^2+2n-1)}{12}$

1.4.6 Geometrisk rekke: $\sum_{k=A}^B r^k = \frac{r^A - r^{B+1}}{1-r}$

1.4.7 Uendelig geometrisk rekke: $\sum_{k=A}^\infty r^k = \frac{r^A}{1-r}$ (hviss $|r| < 1$)

1.4.8 $\sum_{k=0}^\infty kr^k = \frac{r}{(1-r)^2}$ (hviss $|r| < 1$)

1.4.9 $\sum_{k=0}^\infty k^2 r^k = \frac{r(1+r)}{(1-r)^3}$ (hviss $|r| < 1$)

1.4.10 $\sum_{k=1}^\infty \frac{r^k}{k} = -\ln(1-r)$ (hviss $|r| < 1$)

1.4.11 $\sum_{k=0}^\infty \frac{r^k}{k!} = e^r$

2 Beliggenhets- og spredningsmål

- Enkeltdata: $x_1, x_2, \ldots, x_n$ eller sortert $x_{(1)}, x_{(2)}, \ldots, x_{(n)}$

- Frekvensdata: Verdier $v_1, \ldots, v_k$ med antall hhv. $a_1, \ldots, a_k$, totalt n data.

- Andelsdata: Verdier $v_1, \ldots, v_k$ med andeler hhv. $p_1, \ldots, p_k$

- Grupperte data: Gruppene går fra l_k til $u_k = l_{k+1}$ og antall i hver gruppe er a_k. Hvert intervall har midtpunkt $v_k = \frac{l_k + u_k}{2}$ og bredde $b_k = u_k - l_k$. Totalt $n = \sum_k a_k$ data. Kumulativ andel: $A_k = p_1 + \cdots + p_k$ (la $A_0 = 0$).

2.1. Andelsmål

	Enkeltdata	Grupperte data
Prosentil P_p	Finn $\kappa = \frac{p}{100} \cdot (n+1)$. Del opp $\kappa = h + d$ i heltallsdelen $h \in \mathbb{N}$ og desimaldelen $d \in [0,1)$. Da er 2.1.1 $$P_p = x_{(h)} + d \cdot \left(x_{(h+1)} - x_{(h)}\right)$$	Finn k slik at $A_{k-1} \leq \frac{p}{100} \leq A_k$. Da er 2.1.2 $$P_p = l_k + \frac{\frac{p}{100} - A_{k-1}}{p_k} \cdot \left(u_k - l_k\right)$$
Median	2.1.3 $$\tilde{x} = P_{50}$$	
Kvartilene	2.1.4 $$Q_1 = P_{25},\ Q_2 = P_{50},\ Q_3 = P_{75}$$	
Kvartilbredden	2.1.5 $$Q_3 - Q_1$$	
Median (forenklet)	For enkeltdata har formelen for median også en enklere form: 2.1.6 $$\tilde{x} = \begin{cases} x_{\left(\frac{n+1}{2}\right)} & \text{dersom } n \text{ er oddetall} \\ \frac{1}{2}\left(x_{\left(\frac{n}{2}\right)} + x_{\left(\frac{n}{2}+1\right)}\right) & \text{dersom } n \text{ er partall} \end{cases}$$	

2.2. Vektemål

	Enkeltverdier	Frekvensverdier	Andelsverdier	Grupperte verdier
Sum				
Σ_x	2.2.1 $\sum_{i=1}^{n} x_i$	2.2.2 $\sum_{j=1}^{k} a_j v_j$	2.2.3 $n \cdot \sum_{j=1}^{k} p_j v_j$	2.2.4 $\sum_{j=1}^{k} a_j v_j$
Kvadratsum				
Σ_{x^2}	2.2.5 $\sum_{i=1}^{n} x_i^2$	2.2.6 $\sum_{j=1}^{n} a_j v_j^2$	2.2.7 $n \cdot \sum_{j=1}^{n} p_j v_j^2$	2.2.8 $\sum_{k} a_k \cdot (v_k^2 + \frac{1}{12} \cdot b_k^2)$

2.2.9 Gjennomsnitt: $\bar{x} = \frac{\Sigma_x}{n}$. For enkeltverdier brukes ofte $\bar{x} = \frac{x_1 + \cdots + x_n}{n}$.

2.2.10 Total variasjon: $SS_x = \sum_k (x_k - \bar{x})^2 = \Sigma_{x^2} - n \cdot \bar{x}^2 = \Sigma_{x^2} - \frac{\Sigma_x^2}{n}$

2.2.11 Populasjonsvarians: $\sigma_x^2 = \frac{SS_x}{n}$. For enkeltverdier brukes ofte $\sigma_x^2 = \frac{1}{n} \sum_{k=1}^{n} (x_k - \bar{x})^2$.

2.2.12 Utvalgsvarians: $s_x^2 = \frac{SS_x}{n-1}$. For enkeltverdier brukes ofte $s_x^2 = \frac{1}{n-1} \sum_{k=1}^{n} (x_k - \bar{x})^2$.

2.2.13 Populasjonsstandardavvik: $\sigma_x = \sqrt{\sigma_x^2}$

2.2.14 Utvalgsstandardavvik: $s_x = \sqrt{s_x^2}$

2.3. Formler for verdipar $\{(x_i, y_i)\}_{i=1}^{n}$

2.3.1 Produktsum: $\Sigma_{xy} = \sum_{k=1}^{n} x_k y_k$

2.3.2 Total samvariasjon: $SS_{xy} = \Sigma_{xy} - n \cdot \bar{x} \cdot \bar{y} = \Sigma_{xy} - \frac{\Sigma_x \cdot \Sigma_y}{n}$

2.3.3 Populasjonskovarians: $\sigma_{xy} = \frac{SS_{xy}}{n}$

2.3.4 Utvalgskovarians: $s_{xy} = \frac{SS_{xy}}{n-1}$

2.3.5 Korrelasjon: $\rho_{xy} = \frac{\sigma_{xy}}{\sigma_x \sigma_y} = \frac{SS_{xy}}{\sqrt{SS_x SS_y}} = \frac{s_{xy}}{s_x s_y} = r_{xy}$

3 Sannsynlighet

Aksiomer	3.1.1(Kolmogorovs aksiomer, betinget versjon) $0 \leq P(A\|B) \leq 1$ $P(\Omega\|B) = 1$ $P(\bigcup_{i \in I} A_i\|B) =^1 \sum_{i \in I} P(A_i\|B)$	3.1.2("Bayesianske aksiomer") $P(AC\|B) = P(A\|B) \cdot P(C\|AB)$ $P(A\|B) + p(A^c\|B) = 1$ $P(B^c\|B) = 0$
Ofte brukt	3.1.3 $P(A^c) = 1 - P(A)$	3.1.4 $P(A \cup B) = P(A) + P(B) - P(AB)$
Enkleste modell	3.1.5(Bayesiansk) $P(A) = P(A\|\Omega) = \frac{\text{gunstige}}{\text{mulige}} = \frac{n(A)}{n(\Omega)}$	3.1.6(Frekventistisk) $P(A) = \lim_{n \to \infty} \frac{a(n)}{n}$ der $a(n)$ er antall treff i A på n forsøk
Betinget	3.1.7 $P(A\|B) = \frac{P(AB)}{P(B)}$ 3.1.8 $P(AB) = P(A\|B)P(B)$	3.1.9(Bayes formel) $P(A\|B) = \frac{P(B\|A)P(A)}{P(B)}$
Uavhengighet	A og B er uavhengige hviss	
	3.1.10 $P(A\|B) = P(A)$	3.1.11 $P(AB) = P(A)P(B)$
Betinget Uavhengighet	A og B er uavhengige *gitt* C hviss	
	3.1.12 $P(A\|BC) = P(A\|C)$	3.1.13 $P(AB\|C) = P(A\|C)P(B\|C)$
Uavhengighet med mange	A er uavhengig av $B_1, \ldots, B_n$ hviss 3.1.14 $P(A\|B_1 B_2 \cdots B_n) = P(A)$ og likheten også holder om du bytter ut en eller flere B_k med B_k^c.	$A_1, \ldots, A_n$ er uavhengige gitt B hviss 3.1.15 $P(A_1 \cdots A_n\|B) = P(A_1\|B) \cdots P(A_n\|B)$ og likheten også holder om du bytter ut en eller flere A_k med A_k^c.

[1] Dersom alle A-ene er disjunkte, og indeksmengden I er en *tellbar*. Disjunkt=gjensidig utelukkende. Det betyr at for to vilkårlige og forskjellige A_i og A_j er $A_i A_j = \emptyset$. En mengde M er *tellbar* hvis vi kan sette den i 1-1 korrespondanse med (en begynnelse av) heltallene, slik at "1, 2, ..." teller seg gjennom hele mengden. Hvis tellingen er ferdig ved et tall, er mengden *endelig*. Hvis ikke, er den *tellbart uendelig*.

4 Gjentatte trekk fra samme mengde

4.0.1 Definisjon

- En **sekvens** av k trekk fra en mengde, er trekkene listet opp i den rekkefølgen de ble trukket. Et slikt trekk er *ordnet*.

- En **kombinasjon** fra k trekk fra en mengde, er en oversikt over hvor mange av hvert slag som ble trukket. Et slikt trekk er *uordnet*.

4.0.2 Hva slags type trekk det er

For å finne ut hva slags type trekk det dreier seg om, for å finne rett formel, spør følgende spørsmål:

- **Med/uten tilbakelegging:** Er neste trekk uavhengig av de forrige, med samme sannsynligheter ved hvert trekk? (Hvis det er trekk fra en urne: Legger vi tilbake etter hvert trekk?)
    - Ja: "med tilbakelegging"
    - Nei: "uten tilbakelegging"

- **Ordnet/Uordnet:** Har rekkefølgen av trekkene noen betydning?
    - Ja: "ordnet"
    - Nei: "uordnet"

4.1. Kombinatorisk:

Antall måter å trekke på

Du finner parameterne n og k som skal inn i formelen slik:

- Hvor mange muligheter har du ved første trekk? Dette er n
- Hvor mange trekk gjør du? Dette er k

	Med tilbakelegging	Uten tilbakelegging
Ordnet	4.1.1 $$n^k$$	4.1.2 $$\dfrac{n!}{(n-k)!}$$
Uordnet	4.1.3 $$\binom{n+k-1}{k}$$	4.1.4 $$\binom{n}{k}$$

4.2. Sannsynlighetsteoretisk: Trekk fra en mengde med 2 slag;

- N = totalt antall, elementer i mengden du trekker fra.

- $S = S_1$ = antall elementer av slag 1 i mengden du trekker fra.

- $p = p_1 \left(= \frac{S_1}{N}\right)$ = som er andelen elementer av slag 1 i mengden du trekker fra.

- n = antall trekk.

- $k = k_1$ = antall trukne av slag 1.

Sannsynligheten for et slikt trekk er da:

	Med tilbakelegging	**Uten** tilbakelegging
Sekvens (ordnet)	4.2.1 $$p^k(1-p)^{n-k}$$	4.2.2 $$\frac{\binom{N-n}{S-k}}{\binom{N}{S}}$$
Kombinasjon (uordnet)	4.2.3 $$\binom{n}{k}p^k(1-p)^{n-k}$$	4.2.4 $$\frac{\binom{S}{k}\binom{N-S}{n-k}}{\binom{N}{n}} = \frac{\binom{N-n}{S-k}\binom{n}{k}}{\binom{N}{S}}$$

Når N er stor, gir formelen for trekk *med* tilbakelegging en god tilnærming til det eksakte svaret for trekk *uten* tilbakelegging.

4.3. Sannsynlighetsteoretisk: Trekk fra en mengde med m slag;

- N = totalt antall, elementer i mengden du trekker fra.

- S_j = antall elementer av slag j i mengden du trekker fra.

- $p_j \left(= \frac{S_j}{N}\right)$ = andelen elementer av slag j i mengden du trekker fra.

- n = totalt antall trekk.

- k_j = antall trukne av slag j.

Sannsynligheten for et slikt trekk er da:

	Med tilbakelegging	**Uten** tilbakelegging
Sekvens (ordnet)	4.3.1 $$p_1^{k_1}p_2^{k_2}\cdots p_m^{k_m}$$	4.3.2 $$\frac{\binom{N-n}{S_1-k_1,\,S_2-k_2,\dots,\,S_m-k_m}}{\binom{N}{S_1,S_2,\dots,S_m}}$$
Kombinasjon (uordnet)	4.3.3 $$\binom{n}{k_1,k_2,\dots,k_m}p_1^{k_1}p_2^{k_2}\cdots p_m^{k_m}$$	4.3.4 $$\binom{n}{k_1,k_2,\dots,k_m}\cdot\frac{\binom{N-n}{S_1-k_1,\,S_2-k_2,\dots,\,S_m-k_m}}{\binom{N}{S_1,S_2,\dots,S_m}}$$

5 Stokastiske variable

	Diskret fordeling, $f(x) = p_x$	Kontinuerlig fordeling $f(x)$
Sannsynlighet, metode 1	5.1.1 $$P(X \in A) = \sum_{x \in A} p_x$$	5.1.2 $$P(X \in (a,b)) = \int_a^b f(t)dt$$
Kumulativ fordeling	5.1.3 $$F(x) = \sum_{t \leq x} p_t$$	5.1.4 $$F(x) = \int_{-\infty}^x f(t)dt$$
1. moment, Forventning $\mu_X = E[X]$	5.1.5 $$E[X] = \mu_X = \sum_{\text{alle } x} x p_x$$	5.1.6 $$E[X] = \mu_X = \int_{-\infty}^{\infty} x \cdot f(x)dx$$
2. moment, $E[X^2]$	5.1.7 $$E[X^2] = \sum_{\text{alle } x} x^2 p_x$$	5.1.8 $$E[X^2] = \int_{-\infty}^{\infty} x^2 \cdot f(x)dx$$
Generelt $E[h(X)]$	5.1.9 $$E[h(X)] = \sum_{\text{alle } x} h(x) \cdot p_x$$	5.1.10 $$E[h(X)] = \int_{-\infty}^{\infty} h(x) \cdot f(x)dx$$
$E[XY]$	5.1.11 $$E[XY] = \sum_{\text{alle } x,y} xy \cdot p_{xy}$$	5.1.12 $$E[XY] = \int_{-\infty}^{\infty} \int_{-\infty}^{\infty} xy \cdot f(x,y)dydx$$
Sannsynlighet, metode 2	5.1.13 $$P(X \in \langle a,b]) = F(b) - F(a)$$	
Variansen σ^2	5.1.14 $$\sigma_X^2 = Var(X) = E[X^2] - \mu_X^2$$	
Standardavvik σ **og presisjon** τ	5.1.15 $$\sigma_X = \sqrt{\sigma_X^2}$$	5.1.16 $$\tau_X = \frac{1}{\sigma_X^2}$$
Kovarians σ **og korrelasjon** ρ	5.1.17 $$\sigma_{XY} = Cov(X,Y) = E[XY] - \mu_X\mu_Y$$	5.1.18 $$\rho_{XY} = \frac{\sigma_{XY}}{\sigma_X \sigma_Y}$$
Prosentil og Median	5.1.19 P_p er l⁻sningen x av $F(x) = \frac{p}{100}$	5.1.20 Median er $\tilde{x} = P_{50}$

6 Sannsynlighetsfordelinger

6.1. Diskrete sannsynlighetsfordelinger

Fordelingene på CASIO: OPTN » STAT » DIST
Fordelingene på Texas Instruments: 2nd » VARS (DIST)

6.1.1 HYPERGEOMETRISK FORDELING, $\text{hyp}_{(n,S,N)}(x)$, $x \in \{0, 1, \ldots, n\}$

Fordeling $f(x)$	Kumulativ, $F(x)$	Formler
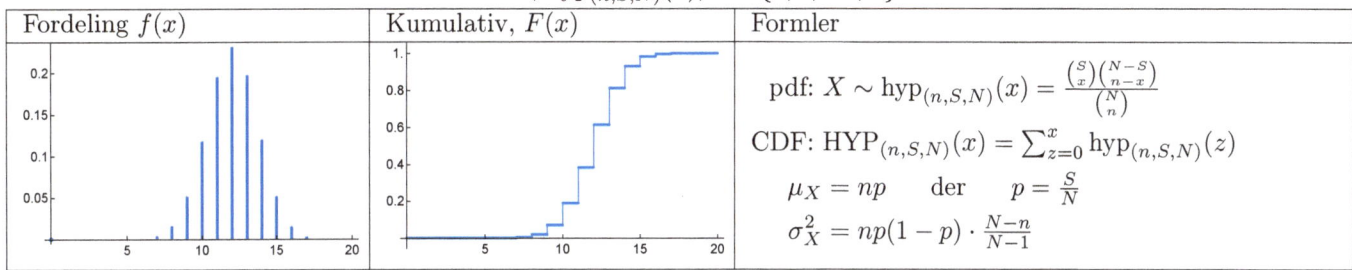		pdf: $X \sim \text{hyp}_{(n,S,N)}(x) = \dfrac{\binom{S}{x}\binom{N-S}{n-x}}{\binom{N}{n}}$ CDF: $\text{HYP}_{(n,S,N)}(x) = \sum_{z=0}^{x} \text{hyp}_{(n,S,N)}(z)$ $\mu_X = np$ der $p = \frac{S}{N}$ $\sigma_X^2 = np(1-p) \cdot \frac{N-n}{N-1}$

Mathematica: HypergeometricDistribution[n, S, N]

CASIO: H-GEO » $\text{hyp}_{(n,S,N)}(x) = $ Hpd$\rightarrow$ HypergeoPD(x, n, S, N)

                 $\text{HYP}_{(n,S,N)}(x) = $ Hcd$\rightarrow$ HypergeoCD(x, n, S, N)

Tilnærminger: $\text{bin}_{(n,p)}(x)$ når $n < \frac{N}{10}$

                 $\text{pois}_{np}(x)$ når $100 < n < \frac{N}{10}$ og $n^{0.31}p < 0.47$

                 normaltilnærming (7.2) når $n < \frac{N}{10}$ og $np(1-p) > 5$.

6.1.2 BINOMISK FORDELING, $\text{bin}_{(n,p)}(x)$, $x \in \{0, 1, \ldots, n\}$

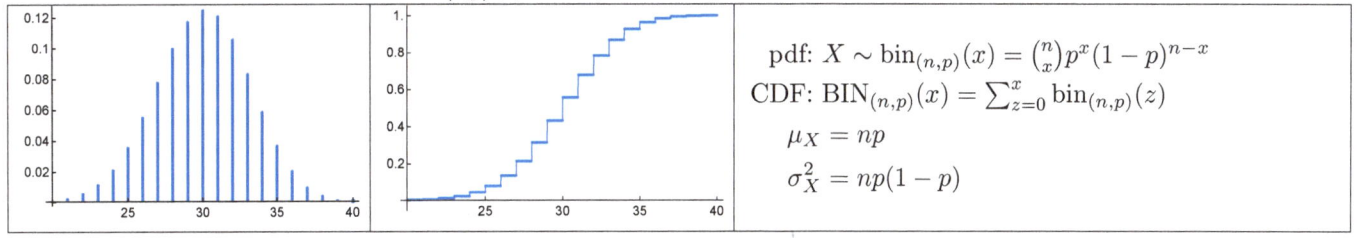

                                       pdf: $X \sim \text{bin}_{(n,p)}(x) = \binom{n}{x}p^x(1-p)^{n-x}$
                                       CDF: $\text{BIN}_{(n,p)}(x) = \sum_{z=0}^{x} \text{bin}_{(n,p)}(z)$
                                       $\mu_X = np$
                                       $\sigma_X^2 = np(1-p)$

Spesialtilfelle: Når $n = 1$ har vi *Bernoullifordeling*, $\text{bern}_p = \text{bin}_{(1,p)}$.

Mathematica: BinomialDistribution[n, p]

$\text{bin}_{(n,p)}(x) = $ HP: binomial(n, x, p)

             CASIO: BINM » Bpd$\rightarrow$ BinomialPD(x, n, p)

             TI: binompdf$\rightarrow$ binompdf(n, p, x)

$\text{BIN}_{(n,p)}(x) = $ HP: binomial_cdf(n, p, x)

             CASIO: BINM » Bcd$\rightarrow$ BinomialCD(x, n, p)

             TI: binomcdf$\rightarrow$ binomcdf(n, p, x)

Tilnærminger: $\text{bin}_{(n,p)}(x) \approx \text{pois}_{np}(x)$ når $n^{0.31}p < 0.47$.

                 normaltilnærming (7.2) når $np(1-p) > 5$.

6.1.3 POISSON-FORDELING, $\text{pois}_\lambda(x)$, $x \in \{0, 1, \dots, \infty\}$

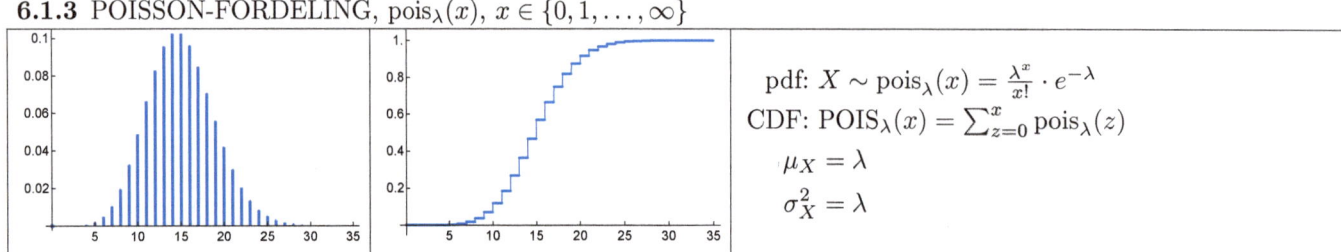

pdf: $X \sim \text{pois}_\lambda(x) = \frac{\lambda^x}{x!} \cdot e^{-\lambda}$

CDF: $\text{POIS}_\lambda(x) = \sum_{z=0}^{x} \text{pois}_\lambda(z)$

$\mu_X = \lambda$

$\sigma_X^2 = \lambda$

Mathematica: PoissonDistribution[λ]

$\text{pois}_\lambda(x) =$ HP: $\text{poisson}(\lambda, x)$

     CASIO: POISN » Ppd$\to$ PoissonPD(x, λ)

     TI: poissonpdf$\to$ poissonpdf(λ, x)

$\text{POIS}_\lambda(x) =$ HP: poisson_cdf(λ, x)

     CASIO: POISN » Pcd$\to$ PoissonCD(x, λ)

     TI: poissoncdf$\to$ poissoncdf(λ, x)

Tilnærminger: normaltilnærming (7.2) når $\lambda > 10$

6.1.4 NEGATIV BINOMISK FORDELING, $\text{nb}_{(k,p)}(x)$, $x \in \{0, 1, \dots, \infty\}$

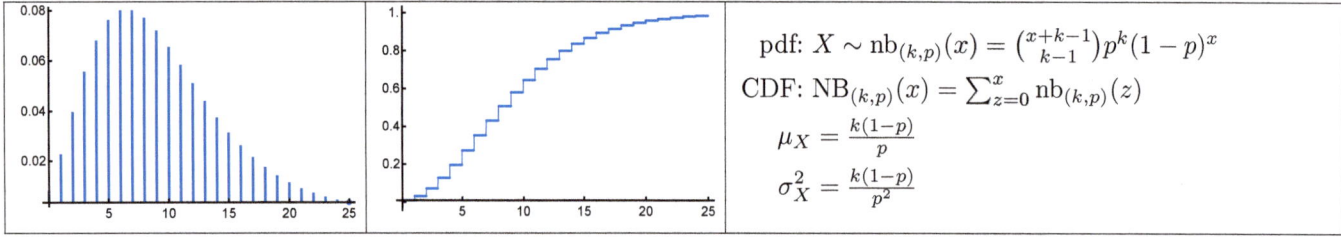

pdf: $X \sim \text{nb}_{(k,p)}(x) = \binom{x+k-1}{k-1} p^k (1-p)^x$

CDF: $\text{NB}_{(k,p)}(x) = \sum_{z=0}^{x} \text{nb}_{(k,p)}(z)$

$\mu_X = \frac{k(1-p)}{p}$

$\sigma_X^2 = \frac{k(1-p)}{p^2}$

Spesialtilfelle: Når $k = 1$ har vi *Geometrisk fordeling* (geom/GEOM).

Mathematica: NegativeBinomialDistribution[k, p]

$\text{nb}_{(k,p)}(x) = p \cdot \text{bin}_{(x+k-1,p)}(k-1)$

   = HP: $p \cdot \text{binomial}(x + k - 1, k - 1, p)$

    CASIO: $p \cdot \text{BinomialPD}(k - 1, x + k - 1, p)$

    TI: $p \cdot \text{binomial}(x + k - 1, p, k - 1)$

$\text{NB}_{(k,p)}(x) = 1 - \text{BIN}_{(x+k,p)}(k-1)$ når $x, k \in \mathbb{N}_0$

   = HP: $1 - \text{binomial\_cdf}(x + k, p, k - 1)$

    CASIO: BINM » Bcd$\to$ $1 - \text{BinomialCD}(k - 1, x + k, p)$

    TI: binomcdf$\to$ $1 - \text{binomcdf}(x + k, p, k - 1)$

$\text{NB}_{(k,p)}(x) = I_{(k,x+1)}(p)$ for alle $x, k > 0$

    HP: fisher_cdf$(2k, 2(x + 1), \frac{(x+1)p}{k(1-p)})$

    CASIO: FCd$\to$ FCD$(0, \frac{(x+1)p}{k(1-p)}, 2k, 2(x + 1))$

    TI: 0: $\to$ Fcdf$(0, \frac{(x+1)p}{k(1-p)}, 2k, 2(x + 1))$

6.1.5 BETA-BINOMISK FORDELING, $\beta b_{(a,b,n)}$

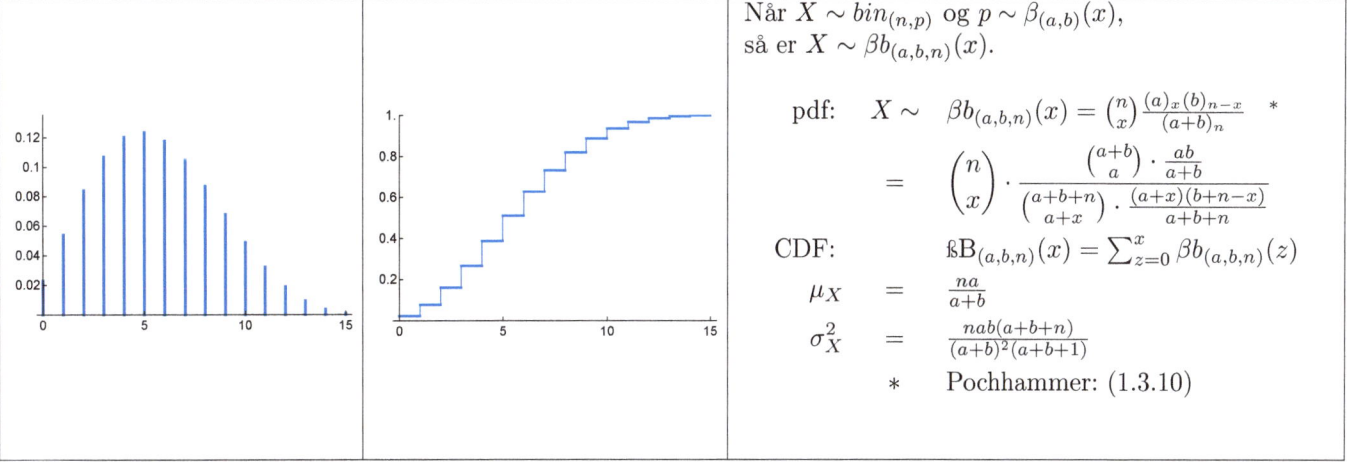

Når $X \sim bin_{(n,p)}$ og $p \sim \beta_{(a,b)}(x)$,
så er $X \sim \beta b_{(a,b,n)}(x)$.

pdf: $\quad X \sim \quad \beta b_{(a,b,n)}(x) = \binom{n}{x} \frac{(a)_x (b)_{n-x}}{(a+b)_n} \quad *$

$$= \binom{n}{x} \cdot \frac{\binom{a+b}{a} \cdot \frac{ab}{a+b}}{\binom{a+b+n}{a+x} \cdot \frac{(a+x)(b+n-x)}{a+b+n}}$$

CDF: $\quad$ ßB$_{(a,b,n)}(x) = \sum_{z=0}^{x} \beta b_{(a,b,n)}(z)$

$\mu_X \quad = \quad \frac{na}{a+b}$

$\sigma_X^2 \quad = \quad \frac{nab(a+b+n)}{(a+b)^2(a+b+1)}$

$* \quad$ Pochhammer: (1.3.10)

Mathematica: BetaBinomialDistribution[a,b,n]
Kalkulator: Bruk formelen med (sum og) binomialer. Lurt å programmere inn.

6.1.6 BETA-NEGATIV-BINOMISK FORDELING, $\beta nb_{(a,b,k)}$

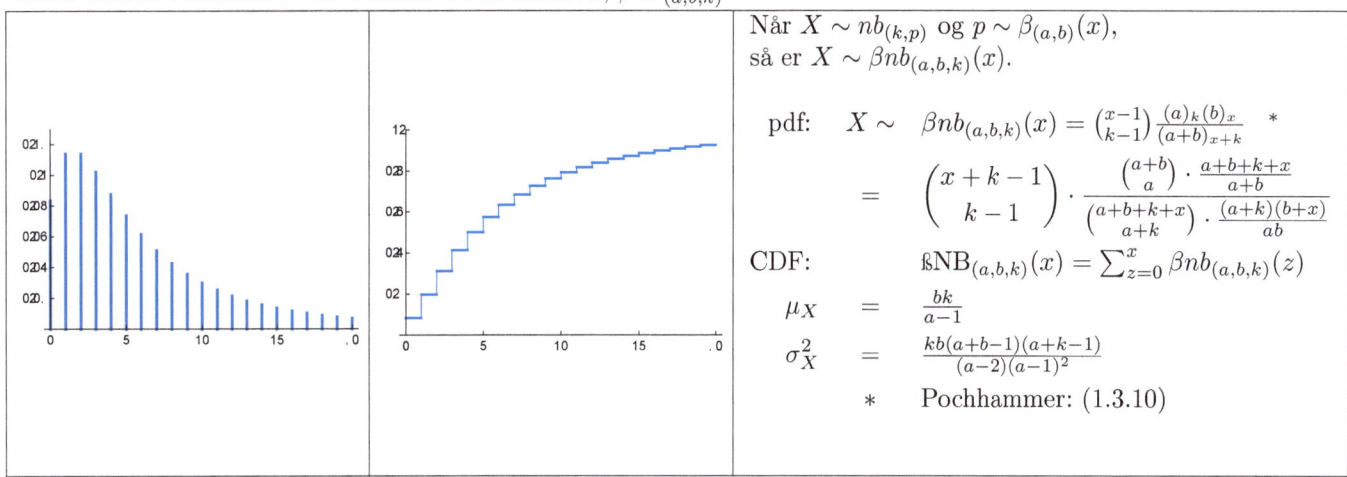

Når $X \sim nb_{(k,p)}$ og $p \sim \beta_{(a,b)}(x)$,
så er $X \sim \beta nb_{(a,b,k)}(x)$.

pdf: $\quad X \sim \quad \beta nb_{(a,b,k)}(x) = \binom{x-1}{k-1} \frac{(a)_k (b)_x}{(a+b)_{x+k}} \quad *$

$$= \binom{x+k-1}{k-1} \cdot \frac{\binom{a+b}{a} \cdot \frac{a+b+k+x}{a+b}}{\binom{a+b+k+x}{a+k} \cdot \frac{(a+k)(b+x)}{ab}}$$

CDF: $\quad$ ßNB$_{(a,b,k)}(x) = \sum_{z=0}^{x} \beta nb_{(a,b,k)}(z)$

$\mu_X \quad = \quad \frac{bk}{a-1}$

$\sigma_X^2 \quad = \quad \frac{kb(a+b-1)(a+k-1)}{(a-2)(a-1)^2}$

$* \quad$ Pochhammer: (1.3.10)

Mathematica: BetaNegativeBinomialDistribution[a,b,k]
Kalkulator: Bruk formelen med (sum og) binomialer. Lurt å programmere inn.

6.1.7 UNIFORM FORDELING, $u_{(a,b)}$

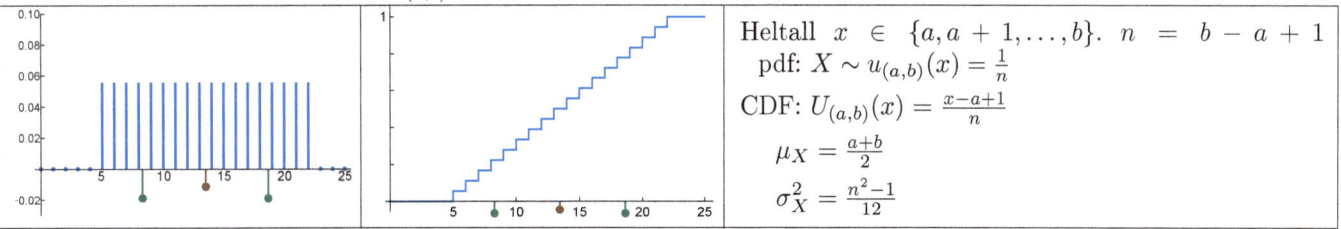

Heltall $x \in \{a, a+1, \ldots, b\}$. $n = b - a + 1$
pdf: $X \sim u_{(a,b)}(x) = \frac{1}{n}$
CDF: $U_{(a,b)}(x) = \frac{x-a+1}{n}$

$\mu_X = \frac{a+b}{2}$

$\sigma_X^2 = \frac{n^2-1}{12}$

Mathematica: DiscreteUniformDistribution[min, max]

7 Kontinuerlige sannsynlighetsfordelinger

7.1. Normalfordelingen

7.1.1 Sannsynlighetstetthet (pdf): $X \sim \phi_{(\mu,\sigma)} = \frac{1}{\sqrt{2\pi}\sigma}e^{-\frac{(x-\mu)^2}{2\sigma^2}}$

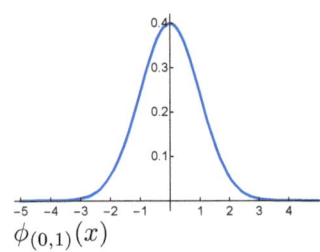

$\phi_{(0,1)}(x)$

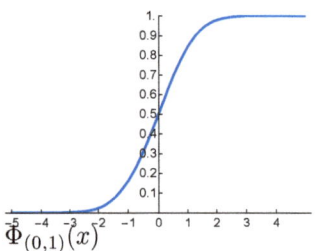

$\Phi_{(0,1)}(x)$

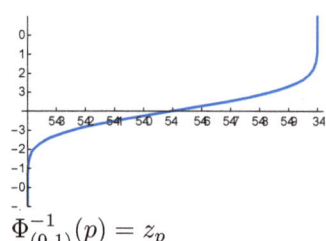

$\Phi_{(0,1)}^{-1}(p) = z_p$

7.1.2 Forventet=median=modus: $\mu_X = E[X] = \widetilde{X} = X_{max} = \mu$

7.1.3 Varians: $\sigma_X^2 = \sigma^2$

7.1.4 Kumulativ sannsynlighet (CDF): $P(X \leq x) = \Phi_{(\mu,\sigma)}(x) = \Phi\left(\frac{x-\mu}{\sigma}\right)$

$\Phi_{(\mu,\sigma)}(x) =$ Mathematica: CDF[NormalDistribution[μ, σ], x]

         HP: normald_cdf(μ, σ, x)

         CASIO: NORM » Ncd→ NormCD($-10^{99}, x, \sigma, \mu$)

         TI: normalcdf→ normalcdf($-10^{99}, x, \mu, \sigma$)

7.1.5 Invers kumulativ (iCDF): $\Phi_{(\mu,\sigma)}^{-1}(p) = \mu + z_p \cdot \sigma$ med shorthand $z_p = \Phi_{(0,1)}^{-1}(p)$

$\Phi_{(\mu,\sigma)}^{-1}(x) =$ Mathematica: InverseCDF[NormalDistribution[μ, σ], p]

         HP: normald_icdf(μ, σ, p)

         CASIO: NORM » InvN→ InvNormCD($-1, p, \sigma, \mu$)

         TI: invNorm→ invNorm(p, μ, σ)

7.2. Normaltilnærming

7.2.1 For kontinuerlige $X \sim f_X(x)$ er normaltilnærmingen:
$$f_X(a) \approx \phi_{(\mu_X,\sigma_X)}(a)$$
$F_X(a) = P(X \leq a) \approx \Phi_{(\mu_X,\sigma_X)}(a)$

7.2.2 For diskrete $X \sim f_X(x)$ er normaltilnærmingen:
$$f_X(a) \approx \Phi_{(\mu_X,\sigma_X)}(a+\tfrac{1}{2}) - \Phi_{(\mu_X,\sigma_X)}(a-\tfrac{1}{2})$$
$F_X(a) = P(X \leq a) \approx \Phi_{(\mu_X,\sigma_X)}(a+\tfrac{1}{2})$

7.3. Summen av normalfordelte stokastiske variable

$X = a_1X_1 + \cdots + a_nX_n$, der a_k kan være både positiv og negativ. Siden en normalfordeling er fullt spesifisert når du kjenner μ og σ, er $X \sim \phi_{(\mu_X,\sigma_X)}$, der

7.3.1 $\mu_X = a_1\mu_{X_1} + \cdots + a_n\mu_{X_n}$ **7.3.2** $\sigma_X^2 = a_1^2\sigma_{X_1}^2 + \cdots + a_n^2\sigma_{X_n}^2$

7.4. Student's t-fordeling

7.4.1 Sannsynlighetstetthet (pdf): $X \sim t_{(\mu,\sigma,\nu)}(x) = \left(\frac{\Gamma\left(\frac{\nu+1}{2}\right)}{\Gamma\left(\frac{\nu}{2}\right)} \cdot \frac{1}{\sigma\sqrt{\pi\nu}} \right) \cdot \left(1 + \frac{(x-\mu)^2}{\nu\sigma^2} \right)^{-\frac{\nu+1}{2}}$

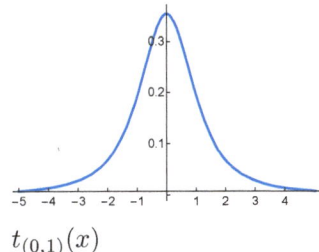

$t_{(0,1)}(x)$

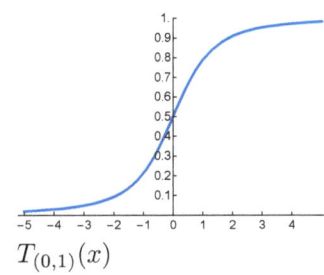

$T_{(0,1)}(x)$

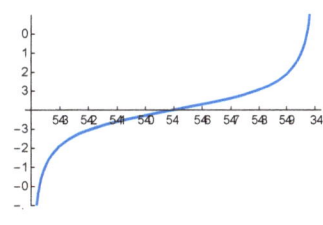

$T_{(0,1,\nu)}^{-1}(p) = t_{\nu,p}$

7.4.2 Forventet=median=modus: $\mu_X = E[X] = \widetilde{X} = X_{max} = \mu$

7.4.3 Varians: $\sigma_X^2 = \begin{cases} \sigma^2 \frac{\nu}{\nu-2} & \nu > 2 \\ \infty & \nu \leq 2 \end{cases}$

7.4.4 Kumulativ sannsynlighet (CDF): $P(X \leq x) = T_{(\mu,\sigma,\nu)}(x) = T_\nu \left(\frac{x-\mu}{\sigma} \right)$

$T_{(\mu,\sigma,\nu)}(x) =$ Mathematica: CDF[StudentTDistribution[μ, σ, ν], x]

HP: student_cdf$(\nu, \frac{x-\mu}{\sigma})$

CASIO: t » Tcd→ tCD$(-10^{99}, \frac{x-\mu}{\sigma}, \nu)$

TI: tcdf→ tcdf$(-10^{99}, \frac{x-\mu}{\sigma}, \nu)$

7.4.5 Invers kumulativ (iCDF): $T_{(\mu,\sigma,\nu)}^{-1}(p) = \mu + \sigma \cdot t_{\nu,p}$ med shorthand $t_{\nu,p} = T_{(0,1,\nu)}^{-1}(p)$

$T_{(\mu,\sigma,\nu)}^{-1}(p) =$ Mathematica: InverseCDF[StudentTDistribution[μ, σ, ν], p]

HP: $\mu + \sigma *$ student_icdf(ν, p)

CASIO: t » InvT→ $\mu - \sigma *$ InvTCD(p, ν)

TI: invT→ $\mu + \sigma *$ invT(p, ν)

7.5. Sum og differanse av to t-fordelinger: $Z = X \pm Y$

(Satterthwaite's tilnærming)

7.5.1 $\mu_Z = \mu_X \pm \mu_Y$

7.5.2 $\sigma_Z^2 = \sigma_X^2 + \sigma_Y^2$

7.5.3 $\nu_Z = \left\lfloor \dfrac{\left(\frac{\sigma_X^2}{\nu_X+1} + \frac{\sigma_Y^2}{\nu_Y+1} \right)^2}{\left(\frac{\left(\frac{\sigma_X^2}{\nu_X+1} \right)^2}{\nu_X} + \frac{\left(\frac{\sigma_Y^2}{\nu_Y+1} \right)^2}{\nu_Y} \right)} \right\rfloor$ (der $\lfloor x \rfloor$ er største heltall mindre enn eller lik x)

7.6. Gammafordelingen

7.6.1 Sannsynlighetstetthet (pdf): $T \sim \gamma_{(k,\lambda)}(t) = \frac{(\lambda t)^{k-1}}{(k-1)!}\lambda \cdot e^{-\lambda t}$ for $t \in (0, \infty)$

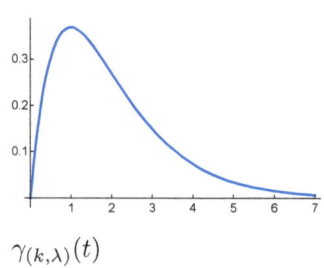

$\gamma_{(k,\lambda)}(t)$

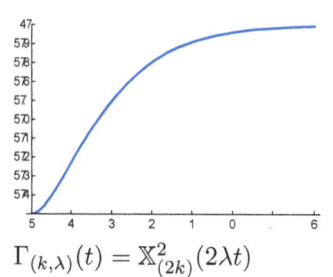

$\Gamma_{(k,\lambda)}(t) = \mathbb{X}^2_{(2k)}(2\lambda t)$

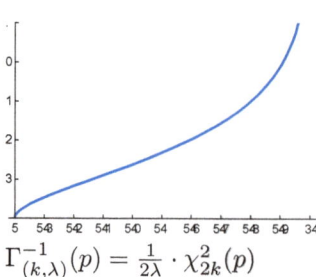

$\Gamma^{-1}_{(k,\lambda)}(p) = \frac{1}{2\lambda} \cdot \chi^2_{2k}(p)$

7.6.1 Forventet: $\mu_T = E[T] = \frac{k}{\lambda}$ **7.6.2** Median: $\widetilde{T} = \Gamma^{-1}_{(k,\lambda)}(0.5)$

7.6.3 Modus: $T_{max} = \dfrac{k-1}{\lambda}$ **7.6.4** Varians: $\sigma^2_T = \frac{k}{\lambda^2}$

7.6.2 Kumulativ sannsynlighet (CDF): $P(T \leq t) = \Gamma_{(k,\lambda)}(t) = 1 - \sum_{n=0}^{k-1} \frac{(\lambda t)^n}{n!}e^{-\lambda t}$ (når $n \in \mathbb{N}$)

$\Gamma_{(k,\lambda)}(t) = (k > 0)$	Mathematica:	CDF[GammaDistribution[k, $\frac{1}{\lambda}$], t]
$(k \in \mathbb{N})$	Mathematica:	CDF[ErlangDistribution[k, λ], t]
$(2k \in \mathbb{N})$	HP:	chisquare_cdf($2k, 2\lambda t$)
$(2k \in \mathbb{N})$	CASIO:	CHI » CCd→ ChiCD($0, 2\lambda t, 2k$)
$(2k \in \mathbb{N})$	TI:	χ^2cdf→ χ^2cdf($0, 2\lambda t, 2k$)

7.6.3 Invers kumulativ (iCDF): $\Gamma^{-1}_{(k,\lambda)}(p)$ med shorthand $\frac{1}{2\lambda} \cdot \chi^2_{2k}(p)$

$\Gamma^{-1}_{(k,\lambda)}(p) = (k > 0)$	Mathematica:	InverseCDF[GammaDistribution[k, $\frac{1}{\lambda}$], p]
$(k \in \mathbb{N})$	Mathematica:	InverseCDF[ErlangDistribution[k, λ], p]
$(2k \in \mathbb{N})$	HP:	chisquare_icdf($2k, p$)/(2λ)
$(2k \in \mathbb{N})$	CASIO:	CHI » InvC→ InvChiCD($1 - p, 2k$)/(2λ)
$(2k \in \mathbb{N})$	TI (CX):	Invχ^2 → Invχ^2($p, 2k$)/(2λ)
$(2k \in \mathbb{N})$	TI (83/84):	MATH » Solver: χ^2cdf($0, 2\lambda x, 2k$) $- p = 0$ » $x = 1$ » Alpha » Enter

Spesialtilfeller: Når $n \in \mathbb{N}$, kalles gamma-fordeling *Erlang-fordeling.*

Når $n = 1$ kalles gamma-fordeling *eksponentialfordeling.*

Når $2k \in \mathbb{N}$, er $\gamma_{(k,\frac{1}{2})}$ chi-kvadrat-fordeling (χ^2) med $\mu = df = 2k$ frihetsgrader.

Tilnærminger: normaltilnærming (7.2) når $k > 30$.

Sammenhenger:

1. Når $T \sim \gamma_{(k,\lambda)}$, og $\lambda \sim \gamma_{(\kappa,\tau)}$, så er $T \sim g\gamma_{(k,\kappa,\tau)}(t)$.

2. Hvis $T_1 \sim \gamma_{(k,\lambda)}(t)$, $T_2 \sim \gamma_{(\kappa,\tau)}(t)$, $m = \frac{\kappa\lambda}{k\tau}$, $Q = \frac{T_1}{T_2}$, og $Q_* = mQ$, så er

$$Q_* \sim f_{(2k,2\kappa)}(t) \qquad Q \sim m \cdot f_{(2k,2\kappa)}(mt)$$
$$P(Q_* < t) = F_{(2k,2\kappa)}(t) \qquad P(Q < t) = F_{(2k,2\kappa)}(mt)$$

7.7. Flere kontinuerlige sannsynlighetsfordelinger

7.7.1 F-FORDELING, $f_{(\alpha,\beta)}(t)$, $t \in (0, \infty)$

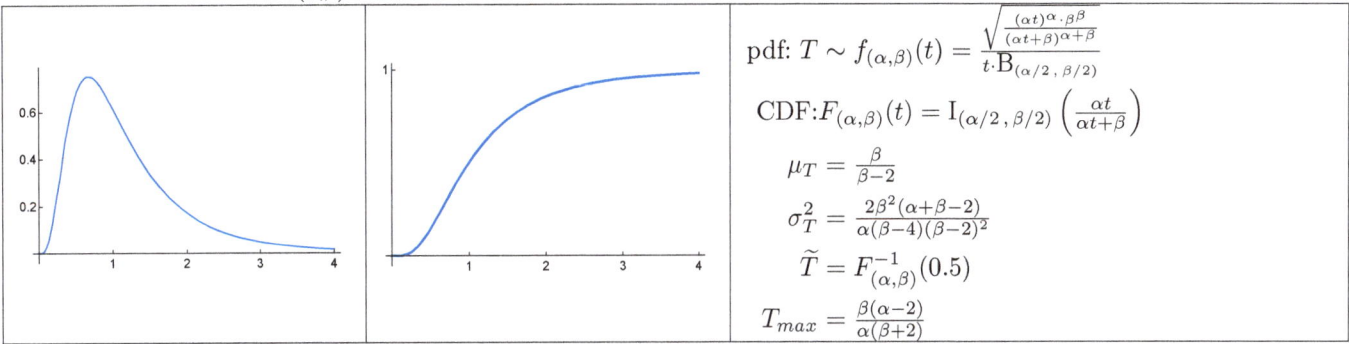

pdf: $T \sim f_{(\alpha,\beta)}(t) = \dfrac{\sqrt{\frac{(\alpha t)^\alpha \cdot \beta^\beta}{(\alpha t + \beta)^{\alpha+\beta}}}}{t \cdot B_{(\alpha/2\,,\,\beta/2)}}$

CDF: $F_{(\alpha,\beta)}(t) = I_{(\alpha/2\,,\,\beta/2)}\left(\dfrac{\alpha t}{\alpha t + \beta}\right)$

$\mu_T = \dfrac{\beta}{\beta - 2}$

$\sigma_T^2 = \dfrac{2\beta^2(\alpha+\beta-2)}{\alpha(\beta-4)(\beta-2)^2}$

$\widetilde{T} = F_{(\alpha,\beta)}^{-1}(0.5)$

$T_{max} = \dfrac{\beta(\alpha-2)}{\alpha(\beta+2)}$

Mathematica: FRatioDistribution[α, β]

$F_{(\alpha,\beta)}(t) =$ HP: fisher_cdf(α, β, t)

          CASIO: F » FCd→ FCD($0, t, \alpha, \beta$)

          TI: Fcdf→ Fcdf($0, t, \alpha, \beta$)

$F_{(\alpha,\beta)}^{-1}(p) =$ HP: fisher_icdf(α, β, p)

          CASIO: F » InvF→ InvFCD($1 - p, \alpha, \beta$)

          TI (CX):   InvF→ InvF(p, α, β)

          TI (83/84):   MATH » Solver: Fcdf($0, x, \alpha, \beta$) $- p = 0$ » $x = 0.5$ » Alpha » Enter

7.7.2 BETAFORDELING, $\beta_{(a,b)}(x)$, $x \in (0, 1)$

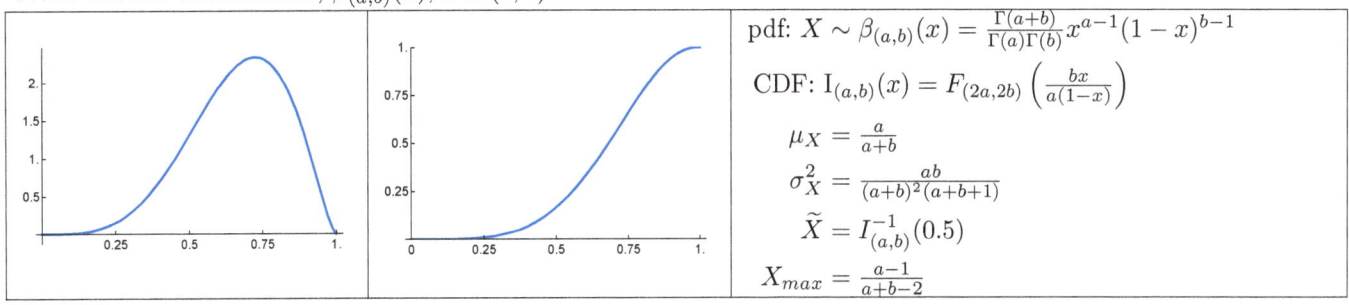

pdf: $X \sim \beta_{(a,b)}(x) = \dfrac{\Gamma(a+b)}{\Gamma(a)\Gamma(b)} x^{a-1}(1-x)^{b-1}$

CDF: $I_{(a,b)}(x) = F_{(2a,2b)}\left(\dfrac{bx}{a(1-x)}\right)$

$\mu_X = \dfrac{a}{a+b}$

$\sigma_X^2 = \dfrac{ab}{(a+b)^2(a+b+1)}$

$\widetilde{X} = I_{(a,b)}^{-1}(0.5)$

$X_{max} = \dfrac{a-1}{a+b-2}$

Mathematica: BetaDistribution[a, b]

$I_{(a,b)}(x) =$ HP: fisher_cdf($2a, 2b, \frac{bx}{a(1-x)}$)

          CASIO: F » FCd→ FCD($0, \frac{bx}{a(1-x)}, 2a, 2b$)

          TI: Fcdf→ Fcdf($0, \frac{bx}{a(1-x)}, 2a, 2b$)

$I_{(a,b)}^{-1}(p) =$ HP: $1/(1 + \frac{b}{a \cdot \text{fisher\_icdf}(2a,2b,p)})$

          CASIO: F » InvF→ $1/(1 + \frac{b}{a \cdot \text{InvFCD}(1-p,2a,2b)})$

          TI (CX):   InvF→ $1/(1 + \frac{b}{a \cdot \text{InvF}(p,2a,2b)})$

          TI (83/84):   MATH » Solver: Fcdf($0, \frac{bx}{a(1-x)}, 2a, 2b$) $- p = 0$ » $x = 0.5$ » Alpha » Enter

Tilnærminger: normaltilnÊrming (7.2) nÅr $a, b > 10$.

7.7.3 GAMMA-GAMMAFORDELING, $g\gamma_{(k,\kappa,\tau)}(x)$, $x \in (0, \infty)$

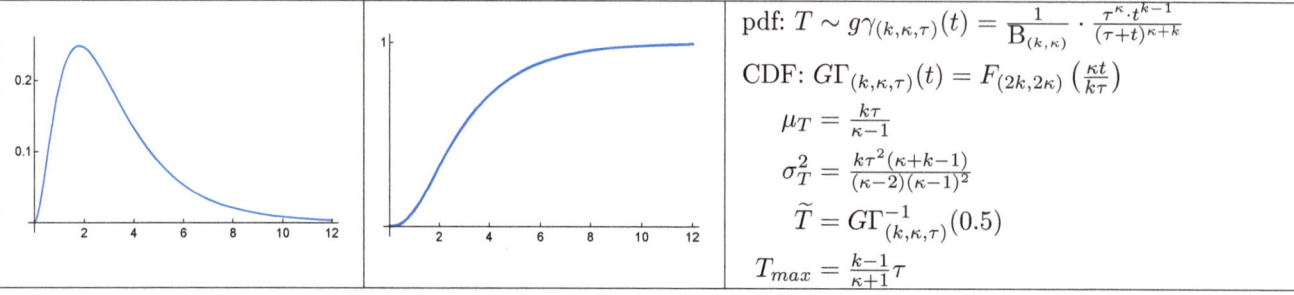

pdf: $T \sim g\gamma_{(k,\kappa,\tau)}(t) = \frac{1}{B_{(k,\kappa)}} \cdot \frac{\tau^\kappa \cdot t^{k-1}}{(\tau+t)^{\kappa+k}}$

CDF: $G\Gamma_{(k,\kappa,\tau)}(t) = F_{(2k,2\kappa)}\left(\frac{\kappa t}{k\tau}\right)$

$\mu_T = \frac{k\tau}{\kappa-1}$

$\sigma_T^2 = \frac{k\tau^2(\kappa+k-1)}{(\kappa-2)(\kappa-1)^2}$

$\widetilde{T} = G\Gamma_{(k,\kappa,\tau)}^{-1}(0.5)$

$T_{max} = \frac{k-1}{\kappa+1}\tau$

Mathematica: BetaPrimeDistribution$[k, \kappa, \tau]$

$G\Gamma_{(k,\kappa,\tau)}(t) =$ HP: fisher_cdf$(2k, 2\kappa, \frac{\kappa t}{k\tau})$

               CASIO: F » FCd→ FCD$(0, \frac{\kappa t}{k\tau}, 2k, 2\kappa)$

               TI: Fcdf→ Fcdf$(0, \frac{\kappa t}{k\tau}, 2k, 2\kappa)$

$G\Gamma_{(k,\kappa,\tau)}^{-1}(p) =$ HP: $\frac{k\tau}{\kappa} *$ fisher_icdf$(2k, 2\kappa, p)$

               CASIO: F » InvF→ $\frac{k\tau}{\kappa} *$ InvFCD$(1-p, 2k, 2\kappa)$

               TI (CX):   InvF→ $\frac{k\tau}{\kappa} *$ InvFCD$(p, 2k, 2\kappa)$

               TI (83/84):   MATH » Solver: Fcdf$(0, \frac{\kappa x}{k\tau}, 2k, 2\kappa) - p = 0$ » $x = 0.5$ » Alpha » Enter

7.7.4 WEIBULL-FORDELING, $weib_{(k,\lambda)}(x)$, $x \in (0, \infty)$

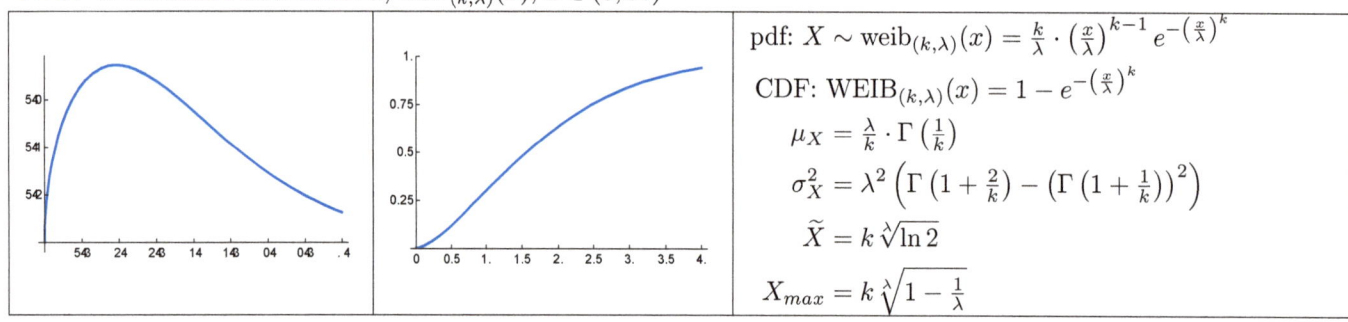

pdf: $X \sim weib_{(k,\lambda)}(x) = \frac{k}{\lambda} \cdot \left(\frac{x}{\lambda}\right)^{k-1} e^{-\left(\frac{x}{\lambda}\right)^k}$

CDF: $WEIB_{(k,\lambda)}(x) = 1 - e^{-\left(\frac{x}{\lambda}\right)^k}$

$\mu_X = \frac{\lambda}{k} \cdot \Gamma\left(\frac{1}{k}\right)$

$\sigma_X^2 = \lambda^2\left(\Gamma\left(1 + \frac{2}{k}\right) - \left(\Gamma\left(1 + \frac{1}{k}\right)\right)^2\right)$

$\widetilde{X} = k\sqrt[k]{\ln 2}$

$X_{max} = k\sqrt[k]{1 - \frac{1}{\lambda}}$

Spesialtilfelle: Rayleigh-fordeling er $rayl_{(\sigma)}(x) = weib_{(2, \sqrt{2}\cdot\sigma)}(x)$.

Mathematica: WeibullDistribution$[\, k \, , \lambda \,]$
Kalkulator: Regn direkte pÂ formlene slik de stÂr skrevet.

7.7.5 UNIFORM FORDELING, $uni_{(a,b)}(x)$, $x \in (a, b)$

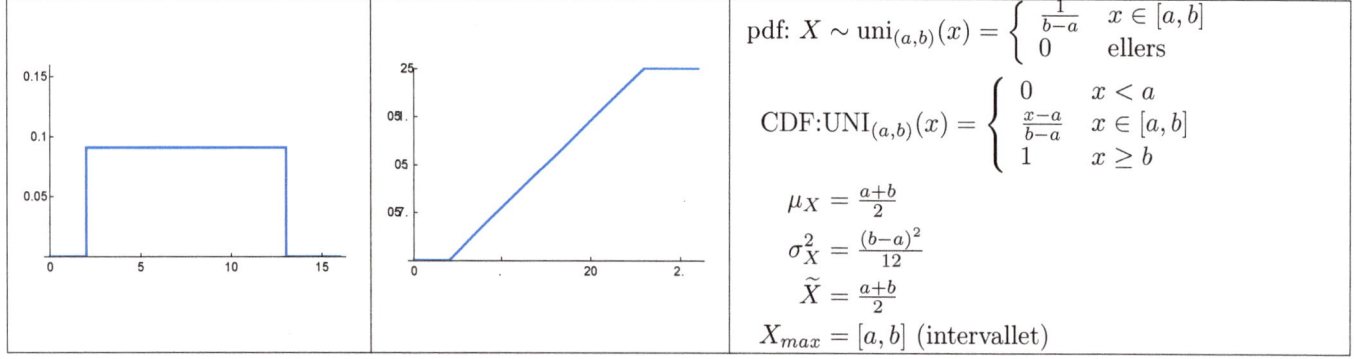

pdf: $X \sim uni_{(a,b)}(x) = \begin{cases} \frac{1}{b-a} & x \in [a,b] \\ 0 & \text{ellers} \end{cases}$

CDF: $UNI_{(a,b)}(x) = \begin{cases} 0 & x < a \\ \frac{x-a}{b-a} & x \in [a,b] \\ 1 & x \geq b \end{cases}$

$\mu_X = \frac{a+b}{2}$

$\sigma_X^2 = \frac{(b-a)^2}{12}$

$\widetilde{X} = \frac{a+b}{2}$

$X_{max} = [a,b]$ (intervallet)

Mathematica: UniformDistribution$[\, a, b \,]$
Kalkulator: Regn direkte pÂ formlene slik de stÂr skrevet.

8 Prosesser

8.1. Bernoulli-prosess med parameter p

En Bernoulli-prosess med parameter p er en sekvens av uavhengige Bernoulli-fordelte stokastiske variable $X_1, X_2, \ldots$ der hver $X_j \sim bern_p = bin_{1,p}$.

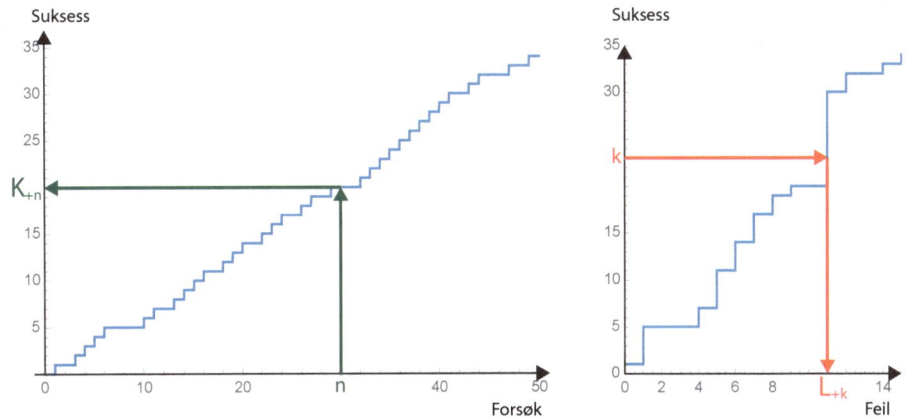

8.1.1 Fordelinger som brukes: Binomisk m/spesialtilfelle Bernoulli (6.1.2), Negativ binomisk (6.1.4), Beta (7.7.2), F (7.7.1), Beta-binomisk (6.1.5), Beta-negativ-binomisk (6.1.6)

8.1.2 Grunnleggende beregninger

	$E[p]$	Antall suksesser på n forsøk	$E[K_{+n}]$	Antall feil før k suksesser	$E[L_{+k}]$
Kjent p	p	$K_{+n} \sim bin_{(n,p)}(x)$ (6.1.2)	np	$L_{+k} \sim nb_{(k,p)}(x)$ (6.1.4)	$\frac{k(1-p)}{p}$
Ukjent p, $p \sim \beta_{(a,b)}(t)$	$\frac{a}{a+b}$	$K_{+n} \sim \beta b_{(a,b,n)}(x)$ (6.1.5)	$\frac{na}{a+b}$	$L_{+k} \sim \beta nb_{(a,b,k)}(x)$ (6.1.6)	$\frac{kb}{a-1}$

8.1.3 Addisjonsregler

- For kjent p har vi følgende addisjonsregler for uavhengige X, Y:
  - Hvis $X \sim bin_{(n,p)}(x)$ og $Y \sim bin_{(m,p)}(x)$, er $X + Y = Z \sim bin_{(m+n,p)}(x)$
  - Hvis $X \sim nb_{(k,p)}(x)$ og $L_{+l} \sim nb_{(l,p)}(x)$, er $X + Y = Z \sim nb_{(k+l,p)}(x)$

- For ukjent $p \sim \beta_{(a,b)}$ har vi de svakere addisjonsreglene:
  - $K_{+n} \sim \beta b_{(a,b,n)}(x)$ og $K_{+m} \sim \beta b_{(a,b,m)}(x)$, og også $K_{+(m+n)} \sim \beta b_{(a,b,m+n)}(x)$
  - $L_{+k} \sim \beta nb_{(a,b,k)}(x)$ og $L_{+l} \sim \beta nb_{(a,b,l)}(x)$, og også $L_{+(k+l)} \sim \beta nb_{(a,b,k+l)}(x)$

8.2. Poisson-prosess med parameter λ

En Poisson-prosess er en sekvensiell observasjon av uavhengige forekomster av $\top$. Prosessen er styrt av rate-parameteren λ, som angir forventet antall suksesser per (tids)enhet.

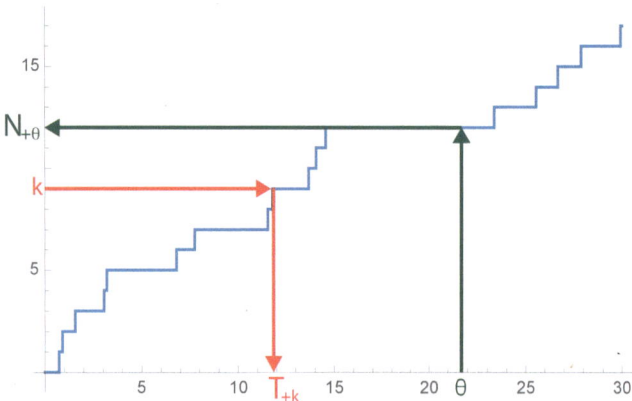

8.2.1 Fordelinger som brukes: Gamma (7.6), Poisson (6.1.3), F (7.7.1), Gamma-gamma (7.7.3), Negativ binomisk (6.1.4)

8.2.2 Grunnleggende beregninger

	$E[\lambda]$	Antall suksesser i løpet av θ enheter	$E[N_{+\theta}]$	Vente-enheter for k suksesser	$E[T_{+k}]$
Kjent λ	λ	$N_{+\theta} \sim \text{pois}_{\lambda\theta}(x)$ (6.1.3)	$\lambda\theta$	$T_{+k} \sim \gamma_{(k,\lambda)}(x)$ (7.6)	$\frac{k}{\lambda}$
Ukjent λ, $\lambda \sim \gamma_{(\kappa,\tau)}(t)$	$\frac{\kappa}{\tau}$	$N_{+\theta} \sim \text{nb}_{\left(\kappa, \frac{\tau}{\tau+\theta}\right)}(x)$ (6.1.5)	$\frac{\kappa\theta}{\tau}$	$T_{+k} \sim \text{g}\gamma_{(k,\kappa,\tau)}(x)$ (7.7.3)	$\frac{k\tau}{\kappa-1}$

8.2.3 Addisjonsregler

- For kjent λ har vi følgende addisjonsregler for uavhengige X, Y:
    - Hvis $X \sim \gamma_{(k,\lambda)}(x)$ og $Y \sim \gamma_{(l,\lambda)}(x)$, er $X + Y = Z \sim \gamma_{(k+l,\lambda)}(x)$
    - Hvis $X \sim \text{pois}_{\lambda\cdot\theta_1}(x)$ og $Y \sim \text{pois}_{\lambda\cdot\theta_2}(x)$, er $X + Y = Z \sim \text{pois}_{\lambda\cdot(\theta_1+\theta_2)}(x)$
    - Generelt: Hvis $X \sim \text{pois}_{\lambda_1}(x)$ og $Y \sim \text{pois}_{\lambda_2}(x)$, er $X + Y = Z \sim \text{pois}_{\lambda_1+\lambda_2}(x)$

- For ukjent $\lambda \sim \gamma_{(\kappa,\tau)}$ har vi de svakere addisjonsreglene:
    - $T_{+k} \sim \text{g}\gamma_{(k,\kappa,\tau)}(x)$ og $T_{+l} \sim \text{g}\gamma_{(l,\kappa,\tau)}(x)$, og også $T_{+(k+l)} \sim \text{g}\gamma_{(k+l,\kappa,\tau)}(x)$
    - $N_{+\theta_1} \sim \text{nb}_{\left(\kappa, \frac{\tau}{\tau+\theta_1}\right)}(x)$ og $N_{+\theta_2} \sim \text{nb}_{\left(\kappa, \frac{\tau}{\tau+\theta_2}\right)}(x)$, og også $N_{+(\theta_1+\theta_2)} \sim \text{nb}_{\left(\kappa, \frac{\tau}{\tau+\theta_1+\theta_2}\right)}(x)$

8.3. Gaussisk prosess med parametere μ og σ

En gaussisk prosess med parametere μ og σ er en sekvens av uavhengige stokastiske variable $X_1, X_2, \ldots$ der hver $X_j \sim \phi_{(\mu,\sigma)}$.

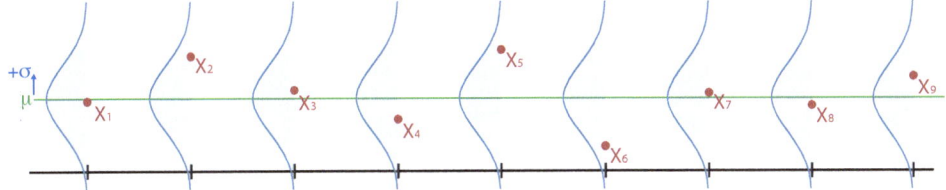

Figur 8.1: $X_1, X_2, \ldots$ der hver $X_j \sim \phi_{(\mu,\sigma)}$; μ og σ som markert på grafen.

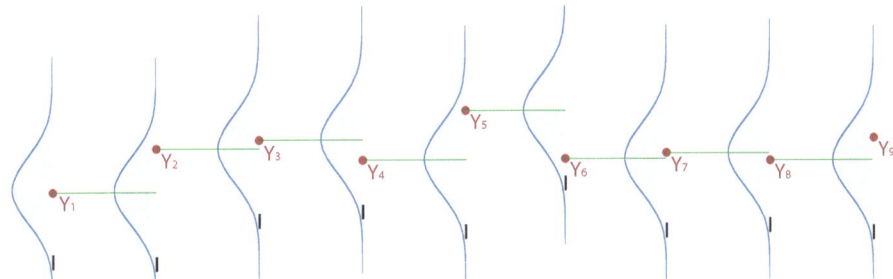

Figur 8.2: En kumulativ prosess $Y_1, Y_2, \ldots$ der $Y_k = X_1 + X_2 + \cdots + X_k$, og $\mu = 0$

Relevante fordelinger: *normal* ϕ (7.1), *t-fordeling* (7.4), *gamma* γ (7.6), F-fordeling (7.7.1)

8.3.1 Regneregler

- Når $X_j \sim \phi_{(\mu,\sigma)}$, og $Y_k = X_1 + X_2 + \cdots + X_k$, er $Y_k \sim \phi_{(k\cdot\mu,\,\sqrt{k}\cdot\sigma)}$

- Når $X_j \sim \phi_{(\mu,\sigma)}$, og du har $Y_k = \max\{X_1, X_2, \ldots, X_k\}$ og $Z_k = \min\{X_1, X_2, \ldots, X_k\}$, la $p_x = \Phi_{(mu,\sigma)}(x)$. Da er $P(Y_k \leq x) = p_x^k$, og $P(Z_k \leq x) = 1 - (1 - p_x)^k$.

- Gitt $\{X_1, X_2, \ldots, X_n\}$, der $X_j \sim \phi_{(\mu,\sigma)}$, la $p_x = \Phi_{(\mu,\sigma)}(x)$. Da er sannsynligheten for at presis k av X-ene er mindre enn x gitt ved $\text{bin}_{(n,p_x)}(k)$, og sannsynligheten for k eller færre av X-ene er mindre enn x gitt ved $\text{BIN}_{(n,p_x)}(k)$.

9 Flervariabel statistikk

DATA: Formler for datapar $\{(x_1, y_1), \ldots, (x_n, y_n)\}$

Se (2.2).

9.1. SANNSYNLIGHET: Flervariable sannsynlighetsfordelinger

9.1.1 Kumulativ fordeling: $F_{XY}(a,b) = P(X \leq a, Y \leq b) = \begin{cases} \displaystyle\sum_{x \leq a,\ y \leq b} f_{XY}(x,y) \\[2em] \displaystyle\int_{-\infty}^{a} \int_{-\infty}^{b} f_{XY}(x,y)\, dy\, dx \end{cases}$

9.1.2 Kumulativ marginal fordeling: $F_X(a) = F_{XY}(a, \infty) = \begin{cases} \displaystyle\sum_{x \leq a,\ \text{alle } y} f_{XY}(x,y) \\[2em] \displaystyle\int_{-\infty}^{a} \int_{-\infty}^{\infty} f_{XY}(x,y)\, dy\, dx \end{cases}$

9.1.3 Fordeling: $f_{XY}(a,b) = \begin{cases} F_{XY}(a,b) - F_{XY}(a-1,b) - F_{XY}(a,b-1) + F_{XY}(a-1,b-1) \\[1em] \frac{\partial^2}{\partial y \partial x} F_{XY}(x,y) \end{cases}$

9.1.4 Marginal sannsynlighetsfordeling: $f_X(a) = \begin{cases} \displaystyle\sum_{\text{alle } y} f_{XY}(a,y) = F_X(a) - F_X(a-1) \\[1.5em] \frac{\partial}{\partial y} F_X(a) = \int_{-\infty}^{\infty} f_{XY}(a,y)\, dy \end{cases}$

9.1.5 Sannsynlighet: $P(a < X < c,\, b < Y < d) = F_{XY}(c,d) - F_{XY}(a,d) - F_{XY}(c,b) + F_{XY}(a,b)$

9.1.6 $E[XY] = \begin{cases} \displaystyle\sum_{\text{alle } x,y} xy \cdot p_{xy} & \text{(diskrete)} \\[1.5em] \displaystyle\int_{-\infty}^{\infty} \int_{-\infty}^{\infty} xy \cdot f(x,y)\, dy\, dx & \text{(kontinuerlige)} \end{cases}$

9.1.7 Kovarians: $\sigma_{XY} = E[XY] - \mu_X \mu_Y$

9.1.8 Korrelasjon: $\rho_{XY} = \frac{\sigma_{XY}}{\sigma_X \sigma_Y}$

10 Inferens (Generell Bayesiansk)

10.1. Bayes' teorem, mengdelære-versjon

10.1.1 Sannsynlighet for at (neste) observasjon er B: Med (*posterior*) sannsynlighet P_n er $P_n(B)$, sannsynligheten for at neste observasjon er B, gitt ved følgende tabellutregning:

k	(1) $P_n(A_k)$	(2) $P_n(B\|A_k)$	(3) $P_n(A_kB) = P_n(A_k) \cdot P_n(B\|A_k)$
			(4 - svar) $P_n(B) = \sum_j P_n(A_jB)$

10.1.2 Bayes' teorem, basisversjon: Hvis vi deler opp Ω i disjunkte (gjensidig utelukkende) alternativer $A_1, A_2, \ldots$, og observerer B, så oppdateres sannsynligheten for A_k slik:

$$P(A_k|B) = \frac{P(A_k) \times P(B|A_k)}{\sum_j P(A_j) \times P(B|A_j)}$$

10.1.3 Bayes' teorem, tabellversjon:

Alt.	Prior	Likelihood	Samsannsynlighet	Posterior
A_k	(1) $P_n(A_k)$	(2) $P_n(B\|A_k)$	(3) $P_n(A_kB) = P_n(A_k) \cdot P_n(B\|A_k)$	(5 - svar) $P_{n+1}(A_k\|B) = P_n(A_k\|B) = \frac{P_n(A_kB)}{P_n(B)}$
Total sannsynlighet:			(4) $P_n(B) = \sum_{j=1}^{n} P_n(A_jB)$	

10.2. Bayes' teorem, funksjons-versjon

10.2.1 Bayes' teorem for sannsynlighetsfordelinger f_n:

	Prior	Likelihood	Samsannsynlighet	Posterior
k	(1) $f(x) = f_n(x)$	(2) $g(x) = h_x(y)$	(3) $f(x) \cdot g(x)$	(5 - svar) $f_{n+1}(x) = \frac{f(x) \cdot g(x)}{S}$
			(4) $S = \sum_x f(x) \cdot g(x)$	(diskret prior)
			(4) $S = \int_{-\infty}^{\infty} f(x) \cdot g(x) dx$	(kontinuerlig prior)

hvor $h_x(y)$ er den betingede sannsynlighet(stetthet)en for observasjonen y, gitt at $X = x$.

10.3. Videre oppdatering

10.3.1 Ved ny observasjon B_{n+1} (mengdeversjon) eller y_{n+1} (funksjonsversjon):
Gjenta prosedyren, og bruk forrige *posterior* f_n / P_n som ny *prior* for å finne ny *posterior* f_{n+1} / P_{n+1}.

11 Generelle estimater

Vi tar utgangspunkt i en sannsynlighetsfordeling $g(x)$ for en parameter eller en neste observasjon, som vi kaller Θ. Så $\Theta \sim g(x)$, med kumulativ fordeling $G(x)$ og invers kumulativ fordeling $G^{-1}(p)$.

11.1. Punktestimat for $\Theta \sim g(x)$

11.1.1 Median: $\tilde{\Theta} = G^{-1}(0.5)$

11.1.2 Forventet verdi: $\mu_\Theta = E[\Theta] = \int_D t \cdot g(t)dt$ der D er de mulige verdiene for Θ.

11.1.3 Modus: $\Theta_{MAP} = \Theta_{max}$ er t-verdien som gir maksimal verdi til $g(t)$.

Du finner aktuelle formler hos hver konkrete sannsynlighetsfordeling $g(x)$.

11.2. Intervallestimat

Vi skriver typisk I^Θ for intervallestimatet ("kredibilitetsintervall") når Θ er en parameter, men I^+ for intervallestimatet ("prediktivt intervall") når Θ er en neste observasjon. Under skriver vi dem begge som I^Θ. La $\Theta \sim g(x)$.

11.2.1 1-sidig venstre $(1-\alpha)100\%$ intervallestimat $I_{\alpha,l}$ når sannsynlighetsfordelingen er $g(x)$:

$$I^\Theta_{\alpha,l} = \left(G^{-1}(0), G^{-1}(1-\alpha)\right)$$

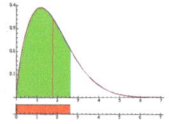

11.2.2 1-sidig høyre $(1-\alpha)100\%$ intervallestimat $I_{\alpha,r}$ når sannsynlighetsfordelingen er $g(x)$:

$$I^\Theta_{\alpha,r} = \left(G^{-1}(\alpha), G^{-1}(1)\right)$$

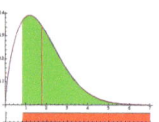

11.2.3 2-sidig $(1-2\alpha)100\%$ intervallestimat $I_{2\alpha}$ når sannsynlighetsfordelingen er $g(x)$:

$$I^\Theta_{2\alpha} = \left(G^{-1}(\alpha), G^{-1}(1-\alpha)\right)$$

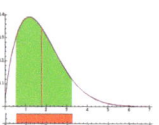

11.2.4 HPD-intervall H^Θ_l med bredde l når sannsynlighetsfordelingen er $g(x)$:

H^Θ_l er intervallet $(a, a+l)$

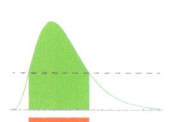

der a er verdien som maksimerer $F(a) = G(a+l) - G(a)$. Ved denne verdien er da $g(a+l) = g(a)$

12 Sammenligning og hypotesetest

12.1. Sammenligning

12.1.1 Nyttefunksjon: $u_A(\theta)$ angir nytten av et alternativ H_A, gitt en θ-verdi.

12.1.2 Forventet nytte av et valg H_A gitt at $\Theta \sim g(\theta)$, er (se 5.1.10) $U_\theta = E[u_A(\Theta)] = \int_{-\infty}^{\infty} u_A(\theta) \cdot g(\theta) d\theta$

Spesialtilfeller:

1. Lineær nytte: $u_A(\theta) = a + b\theta$ gir at $U_A = a + b \cdot E[\Theta]$

2. Todelt nytte: $u_B(\theta) = \begin{cases} a & \theta < \theta_0 \\ b & \theta > \theta_0 \end{cases}$ gir at $U_B = a \cdot P(\Theta < \theta_0) + b \cdot P(\Theta > \theta_0)$

12.1.3 Nyttemaksimerende valg: Gitt $\Theta \sim g(\theta)$, og to alternativer H_A og H_B med nyttefunksjoner $u_A(\theta)$ og $u_B(\theta)$, er det nyttemaksimerende valget å velge alternativet med størst forventet nytteverdi.

12.1.4 Todelt nyttemaksimerende valg: Gitt $\Theta \sim g(\theta)$, og en skilleverdi θ_0, og to alternativer H_A og H_B hvor $u(\theta) = u_A(\theta) - u_B(\theta)$ er en todelt nyttefunksjon

$$u(\theta) = \begin{cases} w_A & \theta < \theta_0 \\ -w_B & \theta > \theta_0 \end{cases}$$

med $w_A, w_B > 0$. Da tilsvarer valg-alternativene H_A: $\Theta < \theta_0$, og H_B: $\Theta > \theta_0$. Det nyttemaksimerende valget er da

$$\begin{matrix} A & \text{hvis} & w_A \cdot P(A) > w_B \cdot P(B) \\ B & \text{hvis} & w_A \cdot P(A) < w_B \cdot P(B) \end{matrix} \left. \right\} \left\{ \begin{matrix} P(A) = P(\Theta < \theta_0) \\ P(B) = P(\Theta > \theta_0) \end{matrix} \right.$$

12.2. Bayesiansk hypotesetest

12.2.1 Hypotesetest med signifikans α tester nullhypotese / konservative hypotese H_0 mot vågal hypotese H_1. Signifikansen α settes på forhånd, uavhengig av dataene (se 12.2.2 for et forslag på hvordan du setter α).

- Dersom H_0: $\Theta \leq \theta_0$, er H_1: $\Theta > \theta_0$.

- Dersom H_0: $\Theta \geq \theta_0$, er H_1: $\Theta < \theta_0$.

Avgjørelser taes slik:

- Dersom $P(H_0) \geq \alpha$, er det nyttemaksimerende valget H_0. (formell formulering: *"ikke forkast H_0"*)

- Dersom $P(H_0) < \alpha$, er det nyttemaksimerende valget H_1. (formell formulering: *"forkast H_0"*)

Hypotesetest er primært en frekventistisk måte å formulere nyttemaksimerende valg, så derfor gir vi følgende oversettelse innenfor en bayesiansk kontekst:

12.2.2 Omformulering av nyttemaksimerende valg til hypotesetest: Gitt valg-alternativene H_A og H_B i 12.1.4, kaller vi alternativet med størst w-verdi *Null*-hypotesen H_0, og lar *test-signifikansen* være $\alpha = \frac{w_1}{w_0 + w_1}$, der w_0 er den største verdien av w_A og w_B, og w_1 er den minste. Den alternative hypotesen H_1 er alternativet med minst w-verdi. Tilfellet $\Theta = \theta_0$ tildeles H_0. Signifikans α og hypoteser H_0 og H_1 kan også bli oppgitt uten referanse til nytte og nyttemaksimering.

13 Bayesiansk inferens for Bernoulli-prosesser

13.1. Bayes' teorem for Bernoulli-prosesser ("Bernoulli-versjonen")

13.1.1 Inferens for hyperparametere for Bernoulli-parameteren p

Prior hyperparametere:	Observasjoner:	Posterior hyperparametere
$P_0 \models a_0$	$k = $ antall $\top$	$P_1 \models a_1 = a_0 + k$
b_0	$l = $ antall $\bot$	$b_1 = b_0 + l$

Avlesning:

1. $p \sim \beta_{(a_1, b_1)}$ - *posterior* sannsynlighetsfordeling for p.

2. $K_{+m} \sim \beta b_{(a_1, b_1, m)}$ - antall $\top$ i de neste m observasjonene.

3. $L_{+s} \sim \beta n b_{(a_1, b_1, s)}$ - antall nye $\bot$ før s nye $\top$.

som også gir oss $p_1 = E[p] = \frac{a_1}{a_1 + b_1}$.

En spesiell situasjon er dersom a_1 eller b_1 er 0. Da har p en diskret sannsynlighetsfordeling som gir enten $P(\top) = 0$ eller $(\top) = 1$, og motsatt sannsynlighet til $\bot$.

13.2. Prior hyperparametere for Bernoulli-prosesser

13.2.1 Nøytrale prior hyperparametere er når $a_0 = b_0 = u \in [0, 1]$, og enten

1. $u = 0$: "Total uvitenhet" (*Novick & Hall, Haldane, Jaynes*). (Vet ikke om både $\top$ og $\bot$ er mulige.)

2. $u = 0.5$: "Vanlig uvitenhet" (*Jeffreys*). (Vet at både $\top$ og $\bot$ er mulige, men ikke mer.)

3. $u = 1$: "Informert uvitenhet" (*Laplace, Bayes*). (Hvis utgangspunktet er symmetri mellom $\top$ og $\bot$.)

Hvis du i et konkret tilfelle ikke klarer å velge mellom to verdier for u: velg den laveste!

13.2.2 Informative prior hyperparametere får du fra en av disse:

1. Prior hyperparametere = *Posterior* hyperparametere fra en tidligere oppdatering.

2. La p_0 være anslaget på p, og κ_0 være antall observasjoner som tilsvarer sikkerheten til anslaget. Sett hyperparameterne til $a_0 = \kappa_0 p_0$ og $b_0 = \kappa_0(1 - p_0)$. Informativ prior må ha $a_0, b_0 \geq 1$.

13.3. Sammenligning og hypotesetest

For sammenligning av p mot en fast referanseverdi p_0, se de generelle formlene for hypotesetest og sammenligning (12).

13.3.1 Sammenligning: Gitt to uavhengige stokastiske variable med deres *posterior* fordelinger, $\psi \sim \beta_{(a,b)}$ og $\pi \sim \beta_{(\theta,\rho)}$, så er (se 1.3.10 for funksjonen B)

Eksakt:

$$P(\psi \leq \pi) \;=\; \sum_{k=0}^{\theta-1} \frac{B(a+k\,,\,b+\rho)}{(\rho+k)\cdot B(k+1\,,\,\rho)\cdot B(a,b)} = \sum_{k=0}^{\theta-1} \frac{\binom{a+b}{a}\cdot\binom{k+\rho}{k}\cdot ab\rho(a+b+k+\rho)}{\binom{a+b+k+\rho}{a+k}\cdot(a+b)(k+\rho)(a+k)(b+\rho)}$$

Tilnærming (bruker normaltilnærmingen); god når $a,b,\theta,\rho > 10$)

$$P(\psi \leq \pi) \;\approx\; \Phi_{\left(\frac{a}{a+b}-\frac{\theta}{\theta+\rho}\,,\,\sqrt{\frac{ab}{(a+b)^2(a+b+1)}+\frac{\theta\rho}{(\theta+\rho)^2(\theta+\rho+1)}}\right)}(0)$$

13.4. Estimater

Se kapittel 11 for de generelle formlene for punkt- og intervall-estimat (11.1, 11.2), og bruk beregningsformlene fra avsnittene for de aktuelle *posterior* eller *prediktive* fordelingene.

13.4.1 HPD-intervall av bredde l for $p \sim \beta_{(a,b)}$

$$H_l^p = (k, k+l)$$

der k er den reelle løsningen av $(k+l)^{a-1}(1-k-l)^{b-1} - k^{a-1}(1-k)^{b-1} = 0$

13.4.2 Utvalgsstørrelse n for HPD-intervall H_l^p for $p \sim \beta_{(a,b)}$ med $a,b > 1$ som gjør at $P(p \in H_l^p) \geq 1 - 2\alpha$, og at bredden på $I_{2\alpha}^p$ vil være l eller mindre, er

$$n = \frac{z_\alpha^2}{l^2} - a - b$$

14 Bayesiansk inferens for Poisson-prosesser

14.1. Bayes' teorem for Poisson-prosesser ("Poisson-versjonen")

14.1.1 Inferens for hyperparametere for Poisson rate-parameteren λ

Prior hyperparametere:	Observasjoner:	*Posterior* hyperparametere
$P_0 \models \kappa_0$	$n = $ antall forekomster	$P_1 \models \kappa_1 = \kappa_0 + n$
τ_0	$t = $ antall enheter	$\tau_1 = \tau_0 + t$
	(tid eller antall forsøk)	

Avlesning:

1. $\lambda \sim \gamma_{(\kappa_1, \tau_1)}(l)$ - *posterior* sannsynlighetsfordeling for λ.

2. $N_{+\theta} \sim nb_{(\kappa_1, \frac{\tau_1}{\tau_1+\theta})}(\eta)$ - antall forekomster i de neste θ (tids)enhetene.

3. $T_{+k} \sim g\gamma_{(k, \kappa_1, \tau_1)}(t)$ - ventetid på de k neste forekomstene.

14.2. Prior hyperparametere

14.2.1 Nøytrale prior hyperparametere er $\kappa_0 = \tau_0 = 0$.

14.2.2 Informative prior hyperparametere får du fra en av disse:

1. Prior hyperparametere = *Posterior* hyperparametere fra en tidligere oppdatering.

2. La λ_0 være anslaget på λ, og κ_0 være antall treff som tilsvarer sikkerheten til anslaget. La eventuelt τ_0 være antall (tids)enheter som er nødvendig for sikkerheten. Med to av verdiene gir følgende formel den tredje: $\lambda_0 = \frac{\kappa_0}{\tau_0}$.

14.3. Sammenligning og hypotesetest

For sammenligning av λ mot en fast referanseverdi λ_0, se de generelle formlene i avsnitt 12.

14.3.1 Sammenligning: Gitt to uavhengige stokastiske variable med deres *posterior* fordelinger

$$
\begin{aligned}
A &\sim \gamma_{(k,l)}(t) \\
B &\sim \gamma_{(m,n)}(t)
\end{aligned}
$$

så er

$$
P(A < B) = F_{(2k,2m)}\left(\frac{ml}{kn}\right)
$$

14.4. Estimater

for λ med *posterior* hyperparametere κ og τ, og sannsynlighetsfordeling $\lambda \sim \gamma_{(\kappa,\tau)}$

Se de generelle formlene for punkt- og intervall-estimat (11.1, 11.2), og bruk beregningsformler fra avsnitt for de aktuelle *posterior* eller *prediktive* fordelingene.

14.4.1 HPD-intervall av bredde b for λ:

$$
H_b^\lambda = (a, a + b)
$$

der

$$
a = \frac{b}{e^{\frac{\tau b}{\kappa - 1}} - 1}
$$

14.4.2 Utvalgsstørrelse n for HPD-intervall H_b^λ for λ med *prior* hyperparameter κ_0, slik at vi for den relative intervall-bredden, $r = \frac{b}{E[\lambda]}$, har at $r < R$, der R målet vi vil nå.

$$
n \geq \frac{4z_\alpha^2}{R^2} - \kappa_0
$$

15 Bayesiansk inferens for gaussiske prosesser

15.1. Bayes' teorem ("Gaussisk versjon")

for anslag på de gaussiske parameterne μ og $\tau = \frac{1}{\sigma^2}$.

15.1.1 Inferens for hyperparametere ved hjelp av n målinger $x_1, \dots, x_n$ med (2.2)

- totalsum $\Sigma_x = \sum_{k=1}^{n} x_k$ og gjennomsnitt $\bar{x} = \frac{\Sigma_x}{n}$
- kvadratisk sum av avvik fra snitt $SS_x = \sum_{k=1}^{n}(x_k - \bar{x})^2$
- kvadratisk som av avvik fra middelverdi $SB_x = \sum_{k=1}^{n}(x_k - m_0)^2 = SS_x + n \cdot (\bar{x} - m_0)^2$

Prior hyperparametere: Se neste side.

	$\sigma = s_0$ (kjent)	σ ukjent
$\mu = m_0$ (kjent)	Ingen oppdatering av hyperparametere. Posterior verdier: $$\begin{aligned} \tau &= 1/s_0^2 \\ \mu &= m_0 \\ X_+ &\sim \phi_{(m_0, s_0)}(x) \end{aligned}$$	*Posterior* hyperparametere: $$\left.\begin{aligned} \nu_1 &= \nu_0 + n \\ SS_1 &= SS_0 + SB_x \end{aligned}\right\} \quad s_1^2 = \frac{SS_1}{\nu_1}$$ Posterior verdier: $$\begin{aligned} \tau &\sim \gamma_{\left(\frac{\nu_1}{2}, \frac{SS_1}{2}\right)}(t) \\ \mu &= m_0 \\ X_+ &\sim t_{(m_0, s_1, \nu_1)}(x) \end{aligned}$$
μ ukjent	*Posterior* hyperparametere: $$\left.\begin{aligned} \kappa_1 &= \kappa_0 + n \\ \Sigma_1 &= \Sigma_0 + \Sigma_x \end{aligned}\right\} \quad m_1 = \frac{\Sigma_1}{\kappa_1}$$ Posterior verdier: $$\begin{aligned} \tau &= 1/s_0^2 \\ \mu &\sim \phi_{\left(m_1, s_0\sqrt{\frac{1}{\kappa_1}}\right)}(x) \\ X_+ &\sim \phi_{\left(m_1, s_0\sqrt{1+\frac{1}{\kappa_1}}\right)}(x) \end{aligned}$$	*Posterior* hyperparametere: $$\left.\begin{aligned} \kappa_1 &= \kappa_0 + n \\ \Sigma_1 &= \Sigma_0 + \Sigma_x \end{aligned}\right\} \quad m_1 = \frac{\Sigma_1}{\kappa_1}$$ $$\left.\begin{aligned} \nu_1 &= \nu_0 + n \\ C_1 &= C_0 + \Sigma_{x^2} \\ SS_1 &= C_1 - \kappa_1 \cdot m_1^2 \end{aligned}\right\} \quad s_1^2 = \frac{SS_1}{\nu_1}$$ $$SS_1 = SS_0 + SS_x + n \cdot \frac{\kappa_0}{\kappa_1}(\bar{x} - m_0)^2 \quad \text{(snarvei)}$$ Posterior verdier: $$\begin{aligned} \tau &\sim \gamma_{\left(\frac{\nu_1}{2}, \frac{SS_1}{2}\right)}(t) \\ \mu &\sim t_{\left(m_1, s_1\cdot\sqrt{\frac{1}{\kappa_1}}, \nu_1\right)}(x) \\ X_+ &\sim t_{\left(m_1, s_1\cdot\sqrt{1+\frac{1}{\kappa_1}}, \nu_1\right)}(x) \end{aligned}$$

15.2. *Prior* hyperparametere for gaussiske prosesser

15.2.1 Vi har $3\frac{1}{2}$ tilfeller for μ:

1. μ er helt kjent: $\mu = m_0$

2. μ er delvis kjent (informativ prior): La m_0 være anslaget på μ, og κ_0 være antall observasjoner som tilsvarer sikkerheten til anslaget. La $\Sigma_0 = m_0\kappa_0$.

$2\frac{1}{2}$. μ er delvis kjent (informativ prior), med prior $\mu \sim \phi_{(m_{pre},s_{pre})}$, og $\sigma = s_0$ er kjent. Da er $\kappa_0 = \frac{s_0^2}{s_{pre}^2}$, og $\Sigma_0 = m_{pre}\kappa_0$.

3. μ er helt ukjent (nøytral prior): $\kappa_0 = 0$ og $\Sigma_0 = 0$.

15.2.2 Vi har 3 tilfeller for $\tau = \frac{1}{\sigma^2}$:

1. $\tau = \frac{1}{\sigma^2}$ er helt kjent: $\tau = \tau_0 = \frac{1}{s_0^2}$

2. τ er delvis kjent (informativ prior): La s_0 være anslaget på σ, og la n_0 være antall observasjoner som tilsvarer sikkerheten til anslaget. La $\nu_0 = n_0 - 1$ og $SS_0 = s_0^2 \cdot \max(0, \nu_0)$, og la $C_0 = SS_0 + \kappa_0 \cdot m_0$

3. $\tau = \frac{1}{\sigma^2}$ er helt ukjent (nøytral prior): $\nu_0 = -1$ og $SS_0 = 0$, og la $C_0 = SS_0 + \kappa_0 \cdot m_0^2$

15.3. Sammenligning av parameter mot fast verdi

For sammenligning av μ og $\tau = \frac{1}{\sigma^2}$ mot faste referanseverdier μ_0 og $\tau_0 = \frac{1}{s_0^2}$, bruker vi de generelle formlene for hypotesetest og sammenligning i kapittel 12.

15.3.1 Sammenligning av $\tau = \frac{1}{\sigma^2}$, med *posterior* fordeling $\tau \sim \gamma_{(k,l)}(t)$ mot fast verdi $\tau_0 = \frac{1}{\sigma_0^2}$:

$$P(\sigma \geq \sigma_0) = P(\tau \leq \tau_0) = \Gamma_{(k,l)}(\tau_0)$$

15.3.2 (Kjent σ) Sammenligning av μ med *posterior* fordeling $\mu \sim \phi_{(m,s)}(x)$ mot fast verdi μ_0:

$$P(\mu \leq \mu_0) = \Phi_{(m,s)}(\mu_0)$$

15.3.3 (Ukjent σ) Sammenligning av μ med *posterior* fordeling $\mu \sim t_{(m,s,n)}(x)$ mot fast verdi μ_0:

$$P(\mu \leq \mu_0) = T_{(m,s,n)}(\mu_0)$$

15.4. Sammenligning av to parametere

15.4.1 Sammenligning for to uavhengige $\tau_n = \frac{1}{\sigma_n^2}$, med *posterior* fordelinger $\tau_1 \sim \gamma_{(k,l)}(t)$ og $\tau_2 \sim \gamma_{(m,n)}(t)$:

$$P(\sigma_1 > \sigma_2) = P(\tau_1 < \tau_2) = F_{(2k,2m)}\left(\frac{ml}{kn}\right)$$

15.4.2 Sammenligning for to uavhengige μ_n når σ er kjent, med *posterior* fordelinger $\mu_1 \sim \phi_{(m_1,s_1)}(x)$ og $\mu_2 \sim \phi_{(m_2,s_2)}(x)$: Bruk (7.3) til å finne fordelingen $\phi_{(m,s)}(x)$ til $Z = \mu_1 - \mu_2$. Da er

$$P(\mu_1 < \mu_2) = \Phi_{(m,s)}(0)$$

15.4.3 Sammenligning for to uavhengige μ_n når σ er ukjent, med *posterior* fordelinger $\mu_1 \sim t_{(m_1,s_1,\nu_1)}(x)$ og $\mu_2 \sim t_{(m_2,s_2,\nu_2)}(x)$: Bruk formel (7.5) til å finne fordelingen $t_{(m,s,\nu)}(x)$ til $Z = m_1 - \mu_2$. Da er

$$P(\mu_1 < \mu_2) = T_{(m,s,\nu)}(0)$$

15.5. Estimater for μ

Se kapittel 11 for de generelle formlene for punkt- og intervall-estimat, og bruk beregningsformlene fra avsnittene for de aktuelle *posterior* eller *prediktive* fordelingene i avsnitt 11.2.

15.5.1 Utvalgsstørrelse n, slik at bredden på det $(1 - 2\alpha)100\%$ symmetriske kredibilitetsintervallet for μ er smalere enn l, gitt kjent $\sigma = s_0$ og *prior* hyperparameter κ_0:

$$n = \frac{4z_\alpha^2}{l^2} \cdot s_0^2 - \kappa_0$$

15.5.2 Utvalgsstørrelse n, slik at bredden på det $(1 - 2\alpha)100\%$ symmetriske kredibilitetsintervallet for μ er smalere enn l, med ukjent σ og *prior* hyperparametere κ_0, ν_0 og SS_0:

$$n = \frac{4t_{2\nu_0,\alpha}^2}{l^2} \cdot \frac{SS_0}{\nu_0} - \kappa_0$$

15.6. Estimater for $\tau = \frac{1}{\sigma^2}$

Se kapittel 11 for de generelle formlene for punkt- og intervall-estimat (11.1, 11.2), og bruk beregningsformlene fra avsnittene for de aktuelle *posterior* eller *prediktive* fordelingene.

15.6.1 HPD-intervall av bredde l, gitt *posterior* fordeling $\tau \sim \gamma_{(k,\lambda)}$

$$H_l^\tau = (a, a + l)$$

der

$$a = \frac{l}{e^{\frac{\lambda l}{k-1}} - 1}$$

15.6.2 Utvalgsstørrelse n for HPD-intervall H_b^τ med *prior* hyperparameter ν_0, slik at den relative intervallbredden $r = \frac{b}{E[\lambda]}$ er mindre enn en gitt verdi R.

$$n \geq \frac{4z_\alpha^2}{R^2} - \nu_0$$

16 Frekventistisk inferens

16.1. Gaussisk prosess: Symmetriske $(1-2\alpha)\cdot 100\%$ konfidensintervall

for gaussiske prosesser fra en normalfordeling $\phi_{(\mu,\sigma)}$ med n målinger med observatorer n, Σ_x og SS_x, og utregnede verdier $\nu = n-1$, $\bar{x} = \Sigma_x/n$ og $s_x^2 = SS_x/(n-1)$.

16.1.1 For μ, med kjent $\sigma = \sigma_0$: $\widehat{I}_{2\alpha}^{\mu} = \bar{x} \pm z_\alpha \cdot \sigma_0 \cdot \sqrt{\frac{1}{n}}$

16.1.2 For μ, med ukjent σ: $\widehat{I}_{2\alpha}^{\mu} = \bar{x} \pm t_{\nu,\alpha} \cdot s_x \cdot \sqrt{\frac{1}{n}}$

16.1.3 For $\tau = \frac{1}{\sigma^2}$: $\widehat{I}_{2\alpha}^{\tau} = \left(\Gamma^{-1}_{\left(\frac{\nu}{2}, \frac{SS_x}{2}\right)}(\alpha) , \Gamma^{-1}_{\left(\frac{\nu}{2}, \frac{SS_x}{2}\right)}(1-\alpha) \right)$

16.2. Gaussisk prosess: Symmetriske $(1-2\alpha)\cdot 100\%$ prediktive intervall

for gaussiske prosesser fra en normalfordeling $\phi_{(\mu,\sigma)}$ med n målinger med observatorer n, Σ_x og SS_x, og utregnede verdier $\nu = n-1$, $\bar{x} = \Sigma_x/n$ og $s_x^2 = SS_x/(n-1)$.

16.2.1 For x_{n+1}, med kjent $\sigma = \sigma_0$: $\widehat{I}_{2\alpha}^{+} = \bar{x} \pm z_\alpha \cdot \sigma_0 \cdot \sqrt{1 + \frac{1}{n}}$

16.2.2 For x_{n+1}, med ukjent σ: $\widehat{I}_{2\alpha}^{+} = \bar{x} \pm t_{\nu,\alpha} \cdot s_x \cdot \sqrt{1 + \frac{1}{n}}$

16.3. Bernoulli-prosess: Symmetriske $(1-2\alpha)\cdot 100\%$ konfidensintervall

for en Bernoulli-prosess med n målinger hvorav k positive, og utregnet verdi $\hat{\pi} = k/n$.

16.3.1 For parameteren π, omtrentlig intervall (standard utregning): $\widehat{I}_{2\alpha}^{\pi} = \hat{\pi} \pm z_\alpha \cdot \sqrt{\frac{\hat{\pi}(1-\hat{\pi})}{n}}$

16.4. Hypotesetesting

med signifikans α avgjøres på frekventistisk vis slik: Dersom testen er ensidig, og vi har en p-verdi regnet ut som i en av formlene under, gjør vi slik:

- Hvis $p < \alpha$, *forkaster* vi H_0 med signifikans α

- Hvis $p \geq \alpha$, forkaster vi *ikke* H_0 med signifikans α

Ved en tosidig test forkaster vi H_0 med signifikans α *hviss* vi forkaster H_0 ved én av de ensidige testene med signifikans $\frac{\alpha}{2}$.

16.5. Gaussisk prosess: Hypotesetesting av μ

i forhold til en referanseverdi μ_0, med signifikans α, for en gaussisk prosess fra en normalfordeling $\phi_{(\mu,\sigma)}$ med n målinger med utregnede verdier $\nu = n-1$, $\bar{x}$ og s_x. Nullhypotesen H_0: $\mu = \mu_0$. For høyre-sidig test er alternativ hypotese er H_1: $\mu > \mu_0$, mens for venstre-sidig test er H_1: $\mu < \mu_0$.

16.5.1 Metode hvis $\sigma = \sigma_0$ er kjent: La $w = \dfrac{\bar{x} - \mu_0}{\sigma_0/\sqrt{n}}$.

For venstre-sidig test, la $p = \Phi(w)$, og for høyre-sidig test, la $p = \Phi(-w)$. Avgjør testen med 16.4.

16.5.2 Metode hvis σ ikke er kjent: La $w = \dfrac{\bar{x} - \mu_0}{s_x/\sqrt{n}}$

For venstre-sidig test, la $p = T_\nu(w)$, og for høyre-sidig test, la $p = T_\nu(-w)$. Avgjør testen med 16.4.

16.6. Gaussisk prosess: Hypotesetesting av σ

i forhold til en referanseverdi σ_0, med signifikans α, for en gaussisk prosess fra en normalfordeling $\phi_{(\mu,\sigma)}$ med n målinger med observatorer n, Σ_x og SS_x, og utregnet verdi $\nu = n - 1$. Nullhypotesen H_0: $\sigma = \sigma_0$. For høyre-sidig test er alternativ hypotese er H_1: $\sigma > \sigma_0$, mens for venstre-sidig test er H_1: $\sigma < \sigma_0$.

16.6.1 Eksakt utregning: La $\tau_0 = \frac{1}{\sigma_0^2}$, og la

$$
p = \begin{cases}
\Gamma_{\left(\frac{\nu}{2},\, \frac{SS_x}{2}\right)}(\tau_0) & \text{(venstresidig test)} \\[2mm]
1 - \Gamma_{\left(\frac{\nu}{2},\, \frac{SS_x}{2}\right)}(\tau_0) & \text{(høyresidig test)}
\end{cases}
$$

Avgjør testen med 16.4.

16.7. Bernoulli-prosess: Hypotesetesting av parameter π

i forhold til en referanseverdi π_0, med signifikans α, for en Bernoulli-prosess med n målinger k positive treff, og utregnet verdi $\hat{\pi} = k/n$. Nullhypotesen H_0: $\pi = \pi_0$. For høyre-sidig test er alternativ hypotese er H_1: $\pi > \pi_0$, mens for venstre-sidig test er H_1: $\pi < \pi_0$.

16.7.1 Metode: Bruk følgende verdi for p:

$$
p = \begin{cases}
\sum_{m=0}^{k} \binom{n}{m}\pi_0^m(1 - \pi_0)^{n-m} & \text{(venstresidig test)} \\[2mm]
\sum_{m=k}^{n} \binom{n}{m}\pi_0^m(1 - \pi_0)^{n-m} & \text{(høyresidig test)}
\end{cases}
$$

Avgjør testen med 16.4.

16.7.2 Rask, tilnærmet, metode: La $w = \dfrac{\hat{\pi} - \pi_0}{\sqrt{\dfrac{\pi_0(1-\pi_0)}{n}}}$

For venstre-sidig test, la $p = \Phi(w)$, og for høyre-sidig test, la $p = \Phi(-w)$. Avgjør testen med 16.4.

17 Inferens for regresjonslinjen $Y(x) = A + B(x - \bar{x})$

17.1. Matriseregresjon

17.1.1 Designmatrise og responsvektor: Utgangspunktet er måledata $\{(x_i, y_i)\}_{i=1}^n$, der x_i er kontrollvariabelen. *Designmatrisen* X og *responsvektoren* $\vec{y}$ er definert ved:

$$X = \begin{bmatrix} 1 & x_1 \\ \vdots & \vdots \\ 1 & x_n \end{bmatrix} \qquad \vec{y} = \begin{bmatrix} y_1 \\ \vdots \\ y_n \end{bmatrix}$$

17.1.2 Regresjonslinjen: $y = \alpha + \beta x$ der koeffisientene er gitt ved at

$$\vec{\beta} = \begin{bmatrix} \alpha \\ \beta \end{bmatrix} = (X^T X)^{-1} \cdot X^T \vec{y}$$

17.1.3 Avviksform: Avviksform for x-data er $x_k^* = x_k - \bar{x}$. I designmatrisen bytter vi da ut x_k med $x_k^* = x_k - \bar{x}$, og får $\vec{\beta}_* = \begin{bmatrix} \alpha_* \\ \beta \end{bmatrix}$, så regresjonslinjen blir $y = \alpha_* + \beta x^* = \alpha_* + \beta(x - \bar{x})$

17.1.4 Matrisen $X^T X$ har følgende nyttige innhold:

Generelt: $X^T X = \begin{bmatrix} n & \Sigma_x \\ \Sigma_x & \Sigma_{x^2} \end{bmatrix}$ og på avviksform er $X^T X = \begin{bmatrix} n & 0 \\ 0 & SS_x \end{bmatrix}$

17.1.5 Total kvadratisk feil for regresjonslinjen:
$$SS_e = \vec{y}^T \vec{y} - \vec{\beta}^T \cdot (X^T X) \cdot \vec{\beta}$$
$$= \vec{y}^T \vec{y} - \vec{\beta}^T \cdot (X^T \vec{y})$$
$$= (\vec{y}^T - \vec{\beta}^T X^T) \cdot \vec{y}$$

17.1.6 Kvadrat av standardfeil for regresjonslinjen: $s_e^2 = \frac{SS_e}{n-2}$

17.2. Bayes' teorem for lineær regresjon

med n målte tallpar $\{(x_i, y_i)\}_{i=1}^n$

17.2.1 Informative prior hyperparametere for σ: La σ_0 være ditt beste anslag på σ, og n_0 være ekvivalent antall målinger. La $\nu_0 = n_0 - 2$ og $SS_0 = \sigma_0^2 \cdot \max(0, \nu_0)$.

17.2.2 Nøytrale prior hyperparametere for σ er $\nu_0 = -2$ og $SS_0 = 0$.

17.2.3 Oppdatering: $P_1 \models \bar{x} = \frac{\Sigma_x}{n}$

$$\vec{\beta} = \begin{bmatrix} \alpha \\ \beta \end{bmatrix} = (X^T X)^{-1} X^T \vec{y}$$
$$\nu_1 = \nu_0 + n$$
$$SS_1 = SS_0 + SS_e$$

17.2.4 Avlesning av verdier:

$$\tau \;\sim\; \gamma_{\left(\frac{\nu_1}{2},\frac{SS_1}{2}\right)}$$

$$s_1^2 \;=\; \frac{SS_1}{\nu_1}$$

$$b \;\sim\; t_{\left(\beta\,,\,s_1\cdot\sqrt{\frac{1}{SS_x}}\,,\,\nu_1\right)}$$

$$y(x) \;\sim\; t_{\left(\alpha+\beta x\,,\,s_1\cdot\sqrt{\frac{1}{n}+\frac{1}{SS_x}(x-\bar{x})^2}\,,\,\nu_1\right)} = t_{\left(\alpha_*+\beta(x-\bar{x})\,,\,s_1\cdot\sqrt{\frac{1}{n}+\frac{1}{SS_x}(x-\bar{x})^2}\,,\,\nu_1\right)}$$

$$Y_+(x) \;\sim\; t_{\left(\alpha+\beta x\,,\,s_1\cdot\sqrt{1+\frac{1}{n}+\frac{1}{SS_x}(x-\bar{x})^2}\,,\,\nu_1\right)} = t_{\left(\alpha_*+\beta(x-\bar{x})\,,\,s_1\cdot\sqrt{1+\frac{1}{n}+\frac{1}{SS_x}(x-\bar{x})^2}\,,\,\nu_1\right)}$$

Merk at a er $y(0)$, og derfor har samme fordeling, mens a_* følger $y(\bar{x})$.

17.2.5 $100(1 - 2\theta)\%$ (bayesianske) kredibilitets- og prediksjonsintervaller får vi ved å sette inn i de generelle reglene for intervallestimater (11.2). Disse gir samme svar som hurtigformlene under. For $t_{\nu_1,\theta}$, se t-fordeling (7.4.5):

$$I_{2\theta}(x) = \alpha + \beta x \pm t_{\nu_1,\theta} \cdot s_1 \cdot \sqrt{\frac{1}{n} + \frac{1}{SS_x}(x - \bar{x})^2}$$

$$I_{2\theta}^+(x) = \alpha + \beta x \pm t_{\nu_1,\theta} \cdot s_1 \cdot \sqrt{1 + \frac{1}{n} + \frac{1}{SS_x}(x - \bar{x})^2}$$

17.3. Frekventistisk lineær regresjon

bruker de samme baseformlene som bayesiansk, men for intervallestimatene brukes $s_e = \sqrt{\frac{SS_e}{n-2}}$ i stedet for s_1, og $n - 2$ i stedet for ν_1.

17.3.1 $100(1 - 2\theta)\%$ (frekventistiske) konfidens- og prediksjonsintervaller:

$$\widehat{I}_{2\theta}(x) = \alpha + \beta x \pm t_{n-2,\theta} \cdot s_e \cdot \sqrt{\frac{1}{n} + \frac{1}{SS_x}(x - \bar{x})^2}$$

$$\widehat{I}_{2\theta}^+(x) = \alpha + \beta x \pm t_{n-2,\theta} \cdot s_e \cdot \sqrt{1 + \frac{1}{n} + \frac{1}{SS_x}(x - \bar{x})^2}$$

18 Tabeller

18.1. $z_p = \Phi_{(0,1)}^{-1}(p)$ Prosentiler for Normalfordeling

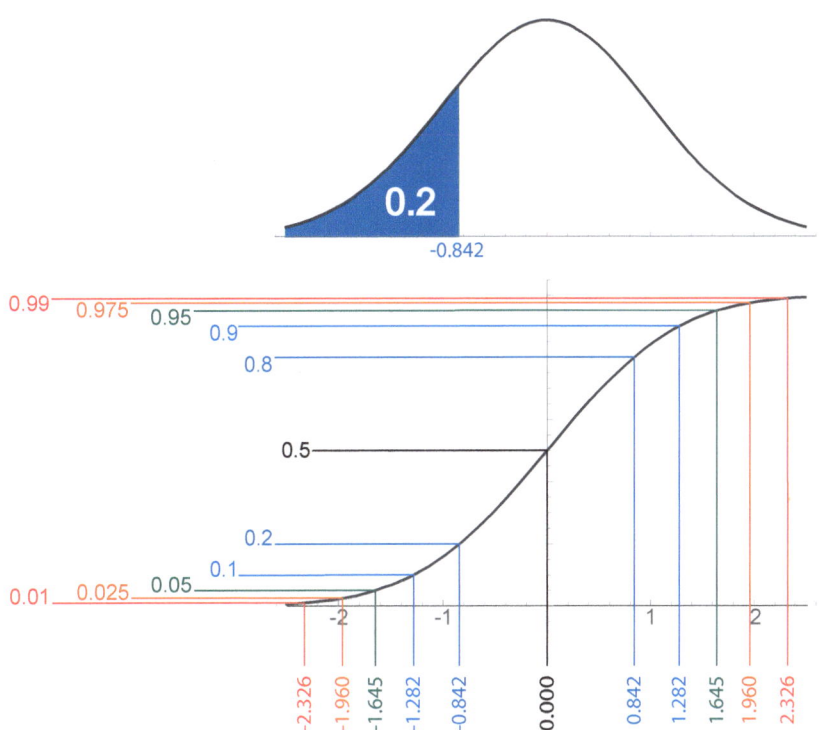

p	z_p		p	z_p		p	z_p
0.00000	$-\infty$		0.07	-1.476		0.94	1.555
0.0001	-3.719		0.08	-1.405		0.95	1.645
0.00025	-3.481		0.09	-1.341		0.955	1.695
0.0005	-3.290		0.10	-1.282		0.96	1.751
0.001	-3.090		0.15	-1.036		0.965	1.812
0.0025	-2.807		0.20	-0.842		0.97	1.881
0.005	-2.576		0.30	-0.524		0.975	1.960
0.01	-2.326		0.40	-0.253		0.98	2.054
0.015	-2.170		**0.50**	**0**		0.985	2.170
0.02	-2.054		0.60	0.253		0.99	2.326
0.025	-1.960		0.70	0.524		0.995	2.576
0.03	-1.881		0.80	0.842		0.9975	2.807
0.035	-1.812		0.85	1.036		0.999	3.090
0.04	-1.751		0.90	1.282		0.9995	3.290
0.045	-1.695		0.91	1.341		0.99975	3.481
0.05	-1.645		0.92	1.405		0.9999	3.719
0.06	-1.555		0.93	1.476		1.00000	∞

Verdier for høyre hale har motsatt fortegn, siden z er anti-symmetrisk rundt $p = 0.5$:

$$z_{1-p} = -z_p$$

18.2. Prosentiler for Student's t med ν frihetsgrader

Verdier for $-T^{-1}_{(0,1,\nu)}(p) = -t_{\nu,p} = t_{\nu,1-p}$. For $\nu > 30$, bruk normaltilnærming ($\nu = \infty$).

ν \ p	0.1	0.075	0.05	0.025	0.01	0.005	0.0025	0.001	0.0005	0.00025	0.0001
1	3.0777	4.1653	6.3138	12.706	31.821	63.657	127.32	318.31	636.62	1273.2	3183.1
2	1.8856	2.2819	2.9200	4.3027	6.9646	9.9248	14.089	22.327	31.599	44.705	70.700
3	1.6377	1.9243	2.3534	3.1824	4.5407	5.8409	7.4533	10.215	12.924	16.326	22.204
4	1.5332	1.7782	2.1318	2.7764	3.7469	4.6041	5.5976	7.1732	8.6103	10.306	13.034
5	1.4759	1.6994	2.0150	2.5706	3.3649	4.0321	4.7733	5.8934	6.8688	7.9757	9.6776
6	1.4398	1.6502	1.9432	2.4469	3.1427	3.7074	4.3168	5.2076	5.9588	6.7883	8.0248
7	1.4149	1.6166	1.8946	2.3646	2.9980	3.4995	4.0293	4.7853	5.4079	6.0818	7.0634
8	1.3968	1.5922	1.8595	2.3060	2.8965	3.3554	3.8325	4.5008	5.0413	5.6174	6.4420
9	1.3830	1.5737	1.8331	2.2622	2.8214	3.2498	3.6897	4.2968	4.7809	5.2907	6.0101
10	1.3722	1.5592	1.8125	2.2281	2.7638	3.1693	3.5814	4.1437	4.5869	5.0490	5.6938
11	1.3634	1.5476	1.7959	2.2010	2.7181	3.1058	3.4966	4.0247	4.4370	4.8633	5.4528
12	1.3562	1.5380	1.7823	2.1788	2.6810	3.0545	3.4284	3.9296	4.3178	4.7165	5.2633
13	1.3502	1.5299	1.7709	2.1604	2.6503	3.0123	3.3725	3.8520	4.2208	4.5975	5.1106
14	1.3450	1.5231	1.7613	2.1448	2.6245	2.9768	3.3257	3.7874	4.1405	4.4992	4.9850
15	1.3406	1.5172	1.7531	2.1314	2.6025	2.9467	3.2860	3.7328	4.0728	4.4166	4.8800
16	1.3368	1.5121	1.7459	2.1199	2.5835	2.9208	3.2520	3.6862	4.0150	4.3463	4.7909
17	1.3334	1.5077	1.7396	2.1098	2.5669	2.8982	3.2224	3.6458	3.9651	4.2858	4.7144
18	1.3304	1.5037	1.7341	2.1009	2.5524	2.8784	3.1966	3.6105	3.9216	4.2332	4.6480
19	1.3277	1.5002	1.7291	2.0930	2.5395	2.8609	3.1737	3.5794	3.8834	4.1869	4.5899
20	1.3253	1.4970	1.7247	2.0860	2.5280	2.8453	3.1534	3.5518	3.8495	4.1460	4.5385
21	1.3232	1.4942	1.7207	2.0796	2.5176	2.8314	3.1352	3.5272	3.8193	4.1096	4.4929
22	1.3212	1.4916	1.7171	2.0739	2.5083	2.8188	3.1188	3.5050	3.7921	4.0769	4.4520
23	1.3195	1.4893	1.7139	2.0687	2.4999	2.8073	3.1040	3.4850	3.7676	4.0474	4.4152
24	1.3178	1.4871	1.7109	2.0639	2.4922	2.7969	3.0905	3.4668	3.7454	4.0207	4.3819
25	1.3163	1.4852	1.7081	2.0595	2.4851	2.7874	3.0782	3.4502	3.7251	3.9964	4.3517
26	1.3150	1.4834	1.7056	2.0555	2.4786	2.7787	3.0669	3.4350	3.7066	3.9742	4.3240
27	1.3137	1.4817	1.7033	2.0518	2.4727	2.7707	3.0565	3.4210	3.6896	3.9538	4.2987
28	1.3125	1.4801	1.7011	2.0484	2.4671	2.7633	3.0469	3.4082	3.6739	3.9351	4.2754
29	1.3114	1.4787	1.6991	2.0452	2.4620	2.7564	3.0380	3.3962	3.6594	3.9177	4.2539
30	1.3104	1.4774	1.6973	2.0423	2.4573	2.7500	3.0298	3.3852	3.6460	3.9016	4.2340
∞	1.2816	1.4395	1.6449	1.9600	2.3263	2.5758	2.8070	3.0902	3.2905	3.4808	3.7190

18.3. Prosentiler for χ^2-fordelingen med ν frihetsgrader (øvre hale)

Tabellen viser χ^2_p for venstre hale. Høyre hale for p finner du da ved χ^2_{1-p}. Merk at vi ikke kan benytte oss av noen symmetrier for χ^2.

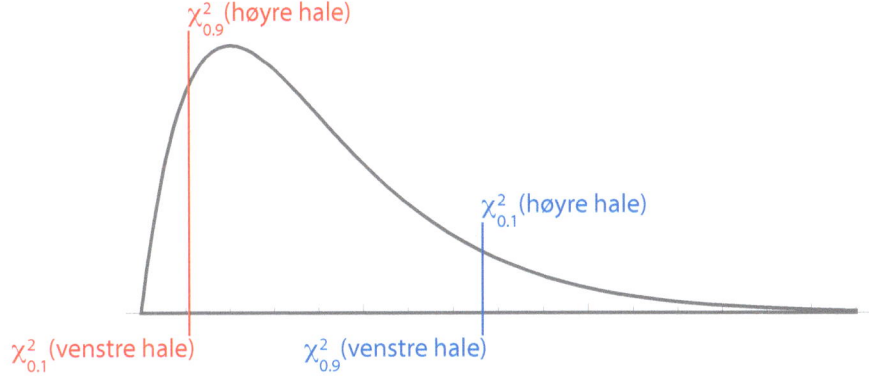

ν \ p	0.99	0.975	0.95	0.9	0.1	0.05	0.025	0.01
1	6.635	5.024	3.841	2.706	0.016	0.004	0.001	0.000
2	9.210	7.378	5.991	4.605	0.211	0.103	0.051	0.020
3	11.345	9.348	7.815	6.251	0.584	0.352	0.216	0.115
4	13.277	11.143	9.488	7.779	1.064	0.711	0.484	0.297
5	15.086	12.833	11.07	9.236	1.610	1.145	0.831	0.554
6	16.812	14.449	12.592	10.645	2.204	1.635	1.237	0.872
7	18.475	16.013	14.067	12.017	2.833	2.167	1.690	1.239
8	20.090	17.535	15.507	13.362	3.490	2.733	2.180	1.646
9	21.666	19.023	16.919	14.684	4.168	3.325	2.700	2.088
10	23.209	20.483	18.307	15.987	4.865	3.940	3.247	2.558
11	24.725	21.920	19.675	17.275	5.578	4.575	3.816	3.053
12	26.217	23.337	21.026	18.549	6.304	5.226	4.404	3.571
13	27.688	24.736	22.362	19.812	7.042	5.892	5.009	4.107
14	29.141	26.119	23.685	21.064	7.790	6.571	5.629	4.660
15	30.578	27.488	24.996	22.307	8.547	7.261	6.262	5.229
16	32.000	28.845	26.296	23.542	9.312	7.962	6.908	5.812
17	33.409	30.191	27.587	24.769	10.085	8.672	7.564	6.408
18	34.805	31.526	28.869	25.989	10.865	9.390	8.231	7.015
19	36.191	32.852	30.144	27.204	11.651	10.117	8.907	7.633
20	37.566	34.170	31.410	28.412	12.443	10.851	9.591	8.260
21	38.932	35.479	32.671	29.615	13.240	11.591	10.283	8.897
22	40.289	36.781	33.924	30.813	14.041	12.338	10.982	9.542
23	41.638	38.076	35.172	32.007	14.848	13.091	11.689	10.196
24	42.980	39.364	36.415	33.196	15.659	13.848	12.401	10.856
25	44.314	40.646	37.652	34.382	16.473	14.611	13.120	11.524
26	45.642	41.923	38.885	35.563	17.292	15.379	13.844	12.198
27	46.963	43.195	40.113	36.741	18.114	16.151	14.573	12.879
28	48.278	44.461	41.337	37.916	18.939	16.928	15.308	13.565
29	49.588	45.722	42.557	39.087	19.768	17.708	16.047	14.256
30	50.892	46.979	43.773	40.256	20.599	18.493	16.791	14.953

18.4. $\Phi(x) = \int_{-\infty}^{x} \phi_{(0,1)}(t)dt$. Tabell for $x \geq 0$

	0.00	0.01	0.02	0.03	0.04	0.05	0.06	0.07	0.08	0.09
0.0	0.500	0.504	0.508	0.512	0.516	0.520	0.524	0.528	0.532	0.536
0.1	0.540	0.544	0.548	0.552	0.556	0.560	0.564	0.567	0.571	0.575
0.2	0.579	0.583	0.587	0.591	0.595	0.599	0.603	0.606	0.610	0.614
0.3	0.618	0.622	0.626	0.629	0.633	0.637	0.641	0.644	0.648	0.652
0.4	0.655	0.659	0.663	0.666	0.670	0.674	0.677	0.681	0.684	0.688
0.5	0.691	0.695	0.698	0.702	0.705	0.709	0.712	0.716	0.719	0.722
0.6	0.726	0.729	0.732	0.736	0.739	0.742	0.745	0.749	0.752	0.755
0.7	0.758	0.761	0.764	0.767	0.770	0.773	0.776	0.779	0.782	0.785
0.8	0.788	0.791	0.794	0.797	0.800	0.802	0.805	0.808	0.811	0.813
0.9	0.816	0.819	0.821	0.824	0.826	0.829	0.831	0.834	0.836	0.839
1.0	0.841	0.844	0.846	0.848	0.851	0.853	0.855	0.858	0.860	0.862
1.1	0.864	0.867	0.869	0.871	0.873	0.875	0.877	0.879	0.881	0.883
1.2	0.885	0.887	0.889	0.891	0.893	0.894	0.896	0.898	0.900	0.901
1.3	0.903	0.905	0.907	0.908	0.910	0.911	0.913	0.915	0.916	0.918
1.4	0.919	0.921	0.922	0.924	0.925	0.926	0.928	0.929	0.931	0.932
1.5	0.933	0.934	0.936	0.937	0.938	0.939	0.941	0.942	0.943	0.944
1.6	0.945	0.946	0.947	0.948	0.949	0.951	0.952	0.953	0.954	0.954
1.7	0.955	0.956	0.957	0.958	0.959	0.960	0.961	0.962	0.962	0.963
1.8	0.964	0.965	0.966	0.966	0.967	0.968	0.969	0.969	0.970	0.971
1.9	0.971	0.972	0.973	0.973	0.974	0.974	0.975	0.976	0.976	0.977
2.0	0.977	0.978	0.978	0.979	0.979	0.980	0.980	0.981	0.981	0.982
2.1	0.982	0.983	0.983	0.983	0.984	0.984	0.985	0.985	0.985	0.986
2.2	0.986	0.986	0.987	0.987	0.987	0.988	0.988	0.988	0.989	0.989
2.3	0.989	0.990	0.990	0.990	0.990	0.991	0.991	0.991	0.991	0.992
2.4	0.992	0.992	0.992	0.992	0.993	0.993	0.993	0.993	0.993	0.994
2.5	0.994	0.994	0.994	0.994	0.994	0.995	0.995	0.995	0.995	0.995
2.6	0.995	0.995	0.996	0.996	0.996	0.996	0.996	0.996	0.996	0.996
2.7	0.997	0.997	0.997	0.997	0.997	0.997	0.997	0.997	0.997	0.997
2.8	0.997	0.998	0.998	0.998	0.998	0.998	0.998	0.998	0.998	0.998
2.9	0.998	0.998	0.998	0.998	0.998	0.998	0.998	0.999	0.999	0.999
3.0	0.999	0.999	0.999	0.999	0.999	0.999	0.999	0.999	0.999	0.999
3.1	0.999	0.999	0.999	0.999	0.999	0.999	0.999	0.999	0.999	0.999
3.2	0.999	0.999	0.999	0.999	0.999	0.999	0.999	0.999	0.999	0.999

Hvis $x \geq 3.3$, så er $\Phi(x) = 1.000$

For $x < 0$, bruk at $\Phi(x) = 1 - \Phi(-x)$

18.5. Γ-funksjonen

	0.0	0.1	0.2	0.3	0.4	0.5	0.6	0.7	0.8	0.9
0	1	9.51351	4.59084	2.99157	2.21816	1.77245	1.48919	1.29806	1.16423	1.06863
1	1	0.951351	0.918169	0.897471	0.887264	0.886227	0.893515	0.908639	0.931384	0.961766
2	1	1.04649	1.1018	1.16671	1.24217	1.32934	1.42962	1.54469	1.67649	1.82736
3	2	2.19762	2.42397	2.68344	2.98121	3.32335	3.71702	4.17065	4.69417	5.29933
4	6	6.81262	7.75669	8.85534	10.1361	11.6317	13.3813	15.4314	17.8379	20.6674
5	24	27.9318	32.5781	38.078	44.5988	52.3428	61.5539	72.5276	85.6217	101.27
6	120	142.452	169.406	201.813	240.834	287.885	344.702	413.408	496.606	597.494
7	720	868.957	1050.32	1271.42	1541.34	1871.25	2275.03	2769.83	3376.92	4122.71
8	5040	6169.59	7562.29	9281.39	11405.9	14034.4	17290.2	21327.7	26340.	32569.4
9	40320	49973.7	62010.8	77035.6	95809.5	119292	148696	185551	231792	289868

	0	1	2	3	4	5	6	7	8	9
10	$3.63 \cdot 10^5$	$3.63 \cdot 10^6$	$3.99 \cdot 10^7$	$4.79 \cdot 10^8$	$6.23 \cdot 10^9$	$8.72 \cdot 10^{10}$	$1.31 \cdot 10^{12}$	$2.09 \cdot 10^{13}$	$3.56 \cdot 10^{14}$	$6.40 \cdot 10^{15}$
20	$1.22 \cdot 10^{17}$	$2.43 \cdot 10^{18}$	$5.11 \cdot 10^{19}$	$1.12 \cdot 10^{21}$	$2.59 \cdot 10^{22}$	$6.2 \cdot 10^{23}$	$1.55 \cdot 10^{25}$	$4.03 \cdot 10^{26}$	$1.09 \cdot 10^{28}$	$3.05 \cdot 10^{29}$
30	$8.84 \cdot 10^{30}$	$2.65 \cdot 10^{32}$	$8.22 \cdot 10^{33}$	$2.63 \cdot 10^{35}$	$8.68 \cdot 10^{36}$	$2.95 \cdot 10^{38}$	$1.03 \cdot 10^{40}$	$3.72 \cdot 10^{41}$	$1.38 \cdot 10^{43}$	$5.23 \cdot 10^{44}$
40	$2.04 \cdot 10^{46}$	$8.16 \cdot 10^{47}$	$3.35 \cdot 10^{49}$	$1.41 \cdot 10^{51}$	$6.04 \cdot 10^{52}$	$2.66 \cdot 10^{54}$	$1.2 \cdot 10^{56}$	$5.5 \cdot 10^{57}$	$2.59 \cdot 10^{59}$	$1.24 \cdot 10^{61}$
50	$6.08 \cdot 10^{62}$	$3.04 \cdot 10^{64}$	$1.55 \cdot 10^{66}$	$8.07 \cdot 10^{67}$	$4.27 \cdot 10^{69}$	$2.31 \cdot 10^{71}$	$1.27 \cdot 10^{73}$	$7.11 \cdot 10^{74}$	$4.05 \cdot 10^{76}$	$2.35 \cdot 10^{78}$
60	$1.39 \cdot 10^{80}$	$8.32 \cdot 10^{81}$	$5.08 \cdot 10^{83}$	$3.15 \cdot 10^{85}$	$1.98 \cdot 10^{87}$	$1.27 \cdot 10^{89}$	$8.25 \cdot 10^{90}$	$5.44 \cdot 10^{92}$	$3.65 \cdot 10^{94}$	$2.48 \cdot 10^{96}$
70	$1.71 \cdot 10^{98}$	$1.2 \cdot 10^{100}$	$8.5 \cdot 10^{101}$	$6.1 \cdot 10^{103}$	$4.5 \cdot 10^{105}$	$3.3 \cdot 10^{107}$	$2.5 \cdot 10^{109}$	$1.9 \cdot 10^{111}$	$1.5 \cdot 10^{113}$	$1.1 \cdot 10^{115}$
80	$8.9 \cdot 10^{116}$	$7.2 \cdot 10^{118}$	$5.8 \cdot 10^{120}$	$4.8 \cdot 10^{122}$	$3.9 \cdot 10^{124}$	$3.3 \cdot 10^{126}$	$2.8 \cdot 10^{128}$	$2.4 \cdot 10^{130}$	$2.1 \cdot 10^{132}$	$1.9 \cdot 10^{134}$
90	$1.7 \cdot 10^{136}$	$1.5 \cdot 10^{138}$	$1.4 \cdot 10^{140}$	$1.2 \cdot 10^{142}$	$1.2 \cdot 10^{144}$	$1.1 \cdot 10^{146}$	$1. \cdot 10^{148}$	$9.9 \cdot 10^{149}$	$9.6 \cdot 10^{151}$	$9.4 \cdot 10^{153}$
100	$9.3 \cdot 10^{155}$	$9.3 \cdot 10^{157}$	$9.4 \cdot 10^{159}$	$9.6 \cdot 10^{161}$	$9.9 \cdot 10^{163}$	$1. \cdot 10^{166}$	$1.1 \cdot 10^{168}$	$1.1 \cdot 10^{170}$	$1.2 \cdot 10^{172}$	$1.3 \cdot 10^{174}$
110	$1.4 \cdot 10^{176}$	$1.6 \cdot 10^{178}$	$1.8 \cdot 10^{180}$	$2. \cdot 10^{182}$	$2.2 \cdot 10^{184}$	$2.5 \cdot 10^{186}$	$2.9 \cdot 10^{188}$	$3.4 \cdot 10^{190}$	$4. \cdot 10^{192}$	$4.7 \cdot 10^{194}$
120	$5.6 \cdot 10^{196}$	$6.7 \cdot 10^{198}$	$8.1 \cdot 10^{200}$	$9.9 \cdot 10^{202}$	$1.2 \cdot 10^{205}$	$1.5 \cdot 10^{207}$	$1.9 \cdot 10^{209}$	$2.4 \cdot 10^{211}$	$3. \cdot 10^{213}$	$3.9 \cdot 10^{215}$
130	$5. \cdot 10^{217}$	$6.5 \cdot 10^{219}$	$8.5 \cdot 10^{221}$	$1.1 \cdot 10^{224}$	$1.5 \cdot 10^{226}$	$2. \cdot 10^{228}$	$2.7 \cdot 10^{230}$	$3.7 \cdot 10^{232}$	$5. \cdot 10^{234}$	$6.9 \cdot 10^{236}$
140	$9.6 \cdot 10^{238}$	$1.3 \cdot 10^{241}$	$1.9 \cdot 10^{243}$	$2.7 \cdot 10^{245}$	$3.9 \cdot 10^{247}$	$5.6 \cdot 10^{249}$	$8. \cdot 10^{251}$	$1.2 \cdot 10^{254}$	$1.7 \cdot 10^{256}$	$2.6 \cdot 10^{258}$

For $n \geq 10$ gir *Stirlings tilnærming* (1.3.4) til Γ en verdi mindre enn 1% unna den sanne verdien:

$$\Gamma(x) \approx \left(\frac{x}{e}\right)^x \cdot \sqrt{\frac{2\pi}{x}}$$

For positive heltall n kan du bruke at Γ er en generalisering av fakultet for å få eksakt svar:

$$\Gamma(n) = (n-1)! \quad \text{og} \quad \Gamma(n + \tfrac{1}{2}) = \frac{(2n)!}{4^n n!}\sqrt{\pi}$$

19 Videre utforskning

Denne formelsamlingen ble laget med øye på å understøtte statistikk-læreboken **Statistikk:** - *en bayesiansk tilnærming* av Svein Olav Nyberg. Hvis du likte formelsamlingen kan det nok hende du også vil like læreboka og måten den legger frem og forklarer statistikk.

- **ISBN-13:** 9788215026374

Det er også en del andre ressurser tilgjengelig, på nettstedet til boka:

http://bayesians.net